《图解科学》系列

生命何以延续

——图解繁殖与培育

丛书主编　杨广军

丛书副主编　朱焯炜　章振华　张兴娟

　　　　　　徐永存　于瑞莹　吴乐乐

本册主编　范慧娟

本册副主编　王艺璇　侯雪丽

天津人民出版社

图书在版编目（CIP）数据

　　生命何以延续：图解繁殖与培育／范慧娟主编.---
天津：天津人民出版社，2012.1（2018.5重印）
　　（巅峰阅读文库.图解科学）
　　ISBN 978-7-201-07266-1

　　Ⅰ.①生…　Ⅱ.①范…　Ⅲ.①生命科学—普及读物
Ⅳ.①Q1-0

中国版本图书馆 CIP 数据核字（2011）第 245281 号

生命何以延续：图解繁殖与培育
SHENGMING HEYI YANXU：TUJIE FANZHI YU PEIYU

出　　　版　天津人民出版社
出 版 人　黄　沛
地　　　址　天津市和平区西康路35号康岳大厦
邮政编码　300051
邮购电话　（022）23332469
网　　　址　http://www.tjrmcbs.com
电子邮箱　tjrmcbs@126.com

责任编辑　陈　烨
装帧设计　3棵树设计工作组

制版印刷　北京一鑫印务有限公司
经　　　销　新华书店
开　　　本　787×1092毫米　1/16
印　　　张　12
字　　　数　240千字
版次印次　2012年1月第1版　2018年5月第2次印刷
定　　　价　23.80元

卷首语

很多人心中的幸福生活是这样的：有一座房子，房子有明亮的窗，宽敞的门。房子周围有院墙，墙上爬满了南瓜、金瓜、丝瓜等，大门开在东边，能迎接早晨第一缕阳光。大门两旁种上两棵高大的槐树，门口安放两张舒服的长条椅子，供路人歇个脚什么的，也方便自己夏夜乘凉。

每天清晨醒来，先在菜地里巡视一番，看看西红柿又红了几个，韭菜长高了几许，廊前的葡萄是不是该剪了……然后洗脸、刷牙，吃早点，开始工作。夕阳西下时，带着家中的猫儿和狗儿到附近小山上蹓一圈，站在山顶，看袅袅炊烟升起，听母亲呼唤孩儿归家，远处是玉带一样的河，缓缓流过。……

其实幸福很简单，它就在你身边，只要我们珍爱生命就会拥有幸福。来吧，与我们一起走进本书，一起去观察生命何以延续，一起去探索繁殖与培育的世界吧……

目 录

我爱我家——家庭花卉的繁殖和培育

牛刀小试——实验室中的繁殖和培育

我为家人种健康——阳台上的菜园

预备热身

——繁殖和培育的基本知识

在美丽的大自然中，生活着各种各样的生物，它们用自己独特的方式繁殖和哺育自己的后代，不断地演绎着生命的延续。它们虽然没有人类的智慧，但是它们具有人类所不能及的优势，并与人类一同分享着这个美丽的蓝色星球。其实人类在很早的时候由于生产和生活的需要，就开始对生物进行繁殖和培育了，发展至今，已有一段相当漫长的历史。你了解人类繁殖和培育生物的历史过程吗？你想知道人类是如何繁育自然界中动物和植物的吗？下面我们将带你一起走进历史，跟随时间的脚步，一同感受神奇与美妙……

时光倒流
——从家禽与家畜的养殖历史说起

人类对动物的繁殖和培育要从家禽和家畜谈起。人类养殖家禽家畜的历史悠久，可追溯到距今约七八千年前新石器时期的原始社会。据考古学家的研究，最早的家禽是鸡，最早的家畜是狗、猪、羊和牛。然而，这些家禽和家畜并非一开始就被人类养殖，其间经历了一个由野生到家养的驯化过程。直到今天，养殖业和种植业已经飞速的发展，

◆刚孵出的小鸡

为人类的生活带来了很多好处。下面，我们就一同回到过去，了解一下家禽家畜养殖的发展历史和种植业的发展历史吧。

早期的训养

◆可爱的羊羔

人类对动物的养殖起源于狩猎。随着狩猎的发展，有时人们捕猎的动物较多，一时吃不完，就把它们圈养起来以备不时之需或为了经常有肉吃，这样就开始了动物驯化。慢慢地，这些野生动物野性逐渐被顺从所取代。如将野鸡驯化为

图解繁殖与培育

◆家禽家畜

家鸡，将野猪驯化成家猪。据说最早被驯化的动物是狗。

远古时期，人们就懂得用粗饲料如稻秆、谷壳等喂养家禽家畜，围猪圈，造马舍。秦汉时期，饲养动物的技术进一步提高。人类开始种植一些植物作为家禽家畜的饲料。这时，猪的饲养方式以放牧为主，舍饲为辅，可大量利用青饲料。《齐民要术》一书对家畜饲养管理进行了总结，其中有"饮食之节，食有三刍，饮有三时"之句，其中"三刍"是指将饲草按品质优劣分为上、中、下三等。会喂牛的人，在牛饥饿时先喂"下刍"，再喂"中刍"。"上刍"品质最好，牛最爱吃，等到牛快要吃饱的时候喂它，这样不仅能逐步引诱牛多吃草，吃得饱，长得壮，而且能最合理、最经济地利用饲草。

到了隋唐时期，人们更加关注饲养家禽家畜的质量，开始增加饲料的营养成分，提高饲料的营养价值。明清时期，人们则把养羊与养鱼结合起来，将羊圈造于鱼塘之岸，草粪每天早晨扫到鱼塘之中，以饲草鱼，而羊之粪又可饲鲢鱼，可谓一举三得。可见，人们越来越懂得如何养殖，方法也越来越科学了。人们还发明了如何使羊增肥的技术呢。

图解繁殖与培育

知 识 窗

《齐民要术》

本书是北魏时期中国杰出农学家贾思勰所著的一部综合性农书，是中国现存最完整的农书，也是世界农学史上最早的专著之一。

"齐民"，指平民百姓。"要术"指谋生方法。《齐民要术》系统地总结了6世纪以前黄河中下游地区农牧业生产经验、食品的加工与贮藏、野生植物的利用等，对中国古代农学的发展产生过重大影响。

养殖业的发展历史

在新石器时代，人类便驯化了野猪。到了商周时期，养猪业有较大的发展。猪实行了圈养，当时猪除用于肉食外，还用来祭祀。到了汉代，养猪业更加发达，地方官吏都提倡百姓家庭养猪以增加收入。

> 我是小猪，自从人类发现我们浑身都是宝后，我就被驯养起来了！

牛的种类很多，如黄牛、水牛、奶牛等。黄牛既可用于肉食又可用于耕田，水牛主要用于南方水田耕作。它们是分别从不同的野生祖先驯化而来的。据考古证实，驯养水牛的历史有可能早到六七千年以前。新石器时代后期，牛已在原始饲养业中占有重要地位。商周时期养牛业有很大发展。除了肉食、交通外，牛还被大量用于祭祀，动辄数十数百，甚至上千。春秋战国时期牛耕推广，在农业生产上发挥了很大作用。秦汉时期，牛耕得到普及，养牛业备受重视，而且当时已有人专门靠养牛致富。

> 我是小牛，我勤劳肯干的潜质被人类发现后，我也被驯养了！

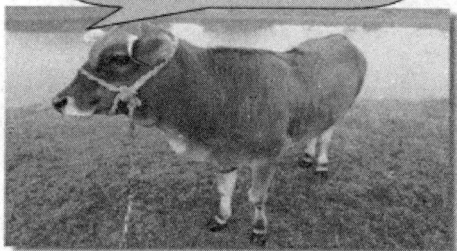

马是军事、交通的主要工具，有的地方也用于农耕。我国最早驯养马的地方应该是蒙古野马生活的华北地区和内蒙古草原地区。在新石器时代，马已经被人类驯养，到了商周时期，养马业相当发达，春秋战国时期盛行车战和骑兵，于

> 我是小马，特长是长跑，自从被驯化后，我发现自己原来也能上战场，而且骁勇善战！

图解繁殖与培育

你见过骡子吗？骡子是马和驴交配产下的后代，有雌雄之分，但没有生育的能力。公驴和母马交配，生下的叫"马骡"，反过来生下的叫"驴骡"。

我是山羊，不只狼喜欢吃我，人类也很青睐我，所以我被驯养起来了。我的兄弟绵羊也被驯养起来了，因为它的毛实用价值高。

是马成了军事上的主要工具，特别受到重视。商周时期在中国畜牧史上的另一大成就，是利用马和驴杂交繁育骡子。秦汉时期，马已被视为"甲兵之本，国之大用"，因而养马业特别兴盛。从秦俑坑和各地汉墓出土的陶马和铜马，可以看到当时良种马的矫健身姿。唐代是我国养马业的另一个高峰。

羊是从野羊驯化而来的。我国北方养羊的历史有可能早到六七千年以前。南方养羊的历史应晚于北方。在新石器时期，人类除了食用羊肉，还懂得利用羊身上的毛做衣服取暖。商周时期，羊已成为主要的肉食畜之一，也经常用于祭祀和殉葬。春秋战国时期，养羊业更为发达。魏晋南北朝时期，养羊已成为农民的重要副业。到了唐代，养羊业取得了相当的成就，培育出了许多羊的优良品种。

狗是人类最早驯养的家畜，与人为伍至今，忠实勤劳，多才多艺，助人为乐，在与人类长期相处中有着重要贡献。狗是由狼驯化而来的。远在狩猎采集时代，人们就已驯养狗作为狩猎时的助手。商周以后，狗已成为主要的肉食对象之一。大约从魏晋南北朝开始，狗已退出食用畜的范围，只用于守卫、田猎和娱乐，不过民间仍有食狗肉的习惯。

狗是人类最早驯养的家畜。法国著名古生物学家居维叶曾说："狗是人类最出色、最完美的战利品。"

我有问题——为什么人类最先驯养狗呢？

原始人居住在野兽之中，靠猎物生活。但是四周的野兽都比人强大，人类面临艰难困境，开始寻找"助手"。他们发现在洞穴附近徘徊寻食的犬类动物，比其他动物更易于"交往"，也不那么凶猛，性情顺从和群居。于是，原始人便开始与之接触，并通过各种方式，渐渐地对它们进行了成功的驯养，使其为人类服务。

聚焦——保护野生动物

随着科学技术的不断进步，人类养殖动物的技术也不断提高。最初，人类为了满足生产和生活的需要，将野生动物进行驯养。而今日，仍然有很多人在捕杀野生动物，甚至是珍贵的野生动物，如藏羚羊、穿山甲、麋鹿等等。如果这样的行为得不到制止，那么大自然的生态平衡将会受到严重威胁！

种植业的发展历史

其实人类在驯养动物之前，就开始种植植物了。小麦被认为是人类最早种植的植物，是目前地球上种植面积最大的粮食作物。世界上有三分之一的人口以小麦为主食。古埃及的石刻中已有栽培小麦的记载，并且人们从古埃及金字塔的砖缝里发现了小麦。据考古学家研究，大约在 1 万年前，当人类还住在洞穴里的时候，就开始把野生的小麦当做食物了。

> 最早被人类种植的植物是什么呢？现在普遍认为是小麦。但也有科学家认为，在种植小麦之前，人类就懂得繁育果树了。

近年来，美国和以色列科学家在中东地区的约旦河谷发现了 9 颗已经炭化的无花果，他们认为这可能是人类最先培育的农作物，历史可以追溯到 11200 年前。

图解繁殖与培育

生命何以延续

◆金灿灿的小麦

◆无花果树

图解繁殖与培育

◆花卉

我国栽培药用植物，已有相当长久的历史。早在 2000 多年前，汉代张骞出使西域，开辟了丝绸之路后就曾从国外陆续引进安石榴、胡麻、胡桃、大蒜、苜蓿等既供食用，又可入药的各种植物到国内栽培。唐初，国家曾建立药园一所，用以栽培各种药物。明代医药学家李时珍，在其巨著《本草纲目》中，记述了约 180 种药用植物的栽培方法。

我国早在汉字出现以前就随农业生产的发展开始了花卉的栽培及利用。早在新石器时期的陶器造型上，就有对果形、叶形美的反映。中华民族自古爱花，2500 多年前，花就在美化生活、表达情感方面起着非常重要的作用。《诗经》中有关桃花、芍药和萱草的诗歌就很好地表明了漫长的历史进程中，我们的祖先培育了许多举世闻名的绚丽花卉。唐朝是我国封建社会的鼎盛时期，花卉的种类和园艺技术发展迅速。

根据植物的生长习性和特点，人类在不断总结和提高种植技术、提高产量的同时，也提高了产品的质量。同时，随着科学技术的进步与发展，人类不断挖掘新的植物培育方式，培育出越来越多的品种，在满足人类需求的同时，让植物的世界更加丰富多彩。

知 识 窗

《本草纲目》

这本书是明代伟大的医药学家李时珍以毕生精力，亲历实践，广收博采，实地考察，对本草学进行了全面的整理总结，30 余年心血的结晶。书中考证了过去本草学中的若干错误，并提出了较科学的药物分类方法，是我国医药宝库中的一份珍贵遗产，被誉为"东方药物巨典"，对人类近代科学以及医学方面影响很大。

小 知 识

1999 年在昆明举办的世界园艺博览会，获得了国内外有关学者及专家的高度赞誉。我国各地纷纷成立花卉产业协会，积极组织、引导花卉的生产栽培，由露地栽培逐步转入设施栽培；由传统的保护地栽培转入现代化设施栽培；由传统的一般盆花转入高档盆花；由国内市场转入国内国际市场并举。

图解繁殖与培育

开开眼界
——自然界中繁殖哺育趣事多

图解繁殖与培育

大千世界，各种生物得以延续，是因为它们在不断地进行着繁殖和哺育活动。无论是动物还是植物，甚至是微生物，都有着自己独特的繁殖方式。可以说它们是各有高招，但异曲同工！在这些生物的身上发生着哪些有关繁殖和哺育后代的趣事呢？下面就带大家一起去开开眼界吧。

◆自由飞翔的丹顶鹤

河马求爱煞费苦心

◆ 费尽心思的河马

河马生活在非洲大河和湖泊之中，短而粗壮的四肢支撑着浑圆笨拙的身体。河马有其独特的求爱方式。它们通常通过划定地盘，一边在河水中撒尿，一边清洗，引起"意中人"的注意。接着，河马将会像螺旋桨一样旋转自己的尾巴，将尿液向四周驱动，这种举动会吸引爱慕者的注意，双方会开

始交配的前奏，其中包括在水中溅水嬉戏。

鳑鱼为了生子，借腹怀胎

◆四处奔波的鳑鱼

鳑鱼又名鳑鲏鱼，可供观赏，不可食用，因生殖方式独特而闻名。雌鱼在生殖季节拖着一条长长的产卵管，将卵产到河蚌体内。

在亚洲东北部的一些河流里，生活着一种鳑鱼，在生育季节来临之际，它们就成双成对地游到河畔的栖息地，找到河蚌时，雌鳑鱼就把卵产到蚌壳里，雄鳑鱼紧跟在后面，也在河蚌上排出精液。鱼卵就在河蚌鳃腔中受精，并开始发育，一直到变成小鱼，河蚌成了小鳑鱼的"保姆"。当小鱼快要离开河蚌而去独立谋生时，河蚌又悄悄地把自己的孩子寄放在小鳑鱼的鳃中，直到发育成幼蚌而落入水中，小鱼又成了河蚌的"保姆"。

好好先生，父行母责

◆任劳任怨的海马爸爸

漂亮的海马爸爸可以称得上是动物界中的"极品爸爸"。它的育儿袋可以使小海马无忧无虑地度过美好的童年时光。

海马的幼子是由爸爸生下来的。在雄海马的腹部生有一个孵卵囊，到了繁殖季节，雌海马就把卵产在雄海马的孵卵囊中。受精卵在孵卵囊中获取所需要的养分，进行胚胎发育。胚胎发育成熟后，雄海马将躯体弯曲，借助反推力急骤跳动，每跳动一次，就从其袋囊中生出一只小海马来，从而完成了生儿育女的任务。当小海马遇到敌害时，又会钻到父亲的口袋里藏起来。

企鹅为孵化宝宝，分工合作

繁殖季节一到，企鹅就从各个海域聚集到南极洲，各自找到配偶，度过一夫一妻制的"家庭生活"。雌企鹅生下唯一的一枚蛋后，就把它交给雄企鹅，暂时告别，重返海洋觅食去了。在恶劣的气候条件下，雄企鹅把蛋放在生有厚蹼的双脚上，蹲下身躯，用自己的温暖和绒羽进行艰苦的孵化，雄企鹅一蹲就是 3 个月。在此期间，不吃不喝，寸步不离，完全依靠体内脂肪的消耗来维持生命。当小企鹅快要出生时，雌企鹅才从远处回来，从声音中辨认出自己的配偶，并接班育儿。

◆企鹅

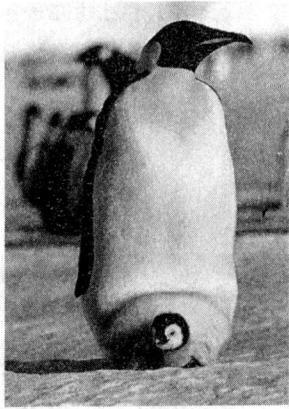

◆忍冻挨饿孵化宝宝的企鹅爸爸

图解繁殖与培育

蜻蜓点水，别有用心

　　夏季的蜻蜓，像一架架小直升机，时而在池塘上空盘旋，时而俯冲下来，用尾尖在水面上轻轻一点，水面泛起一圈圈涟漪。其实，这是蜻蜓在产卵。蜻蜓的卵在水中孵化，幼虫在水里生活。等时机成熟，它们会从水草中爬出，蜕皮后变成蜻蜓，在河岸或池塘的水面上，轻盈地舞蹈。更有趣的是，雄蜻蜓唯恐"妻子"在点水时失足落水，会飞翔在雌蜻蜓的前上方，用它的尾尖钩住雌蜻蜓的头部，拖着它在水面产卵，因此，有人称雄蜻蜓为"助产士"。

◆蜻蜓交尾

◆蜻蜓点水

杜鹃产卵，鸠占鹊巢

　　杜鹃既不会造巢，也不会孵雏，它会把自己的卵寄托给其他鸟类进行孵化和养育。每逢繁殖季节就多在柳莺、云雀等鸟巢附近等待时机，当它看到哪只雌鸟飞离了鸟巢，就赶紧飞到巢里产卵，然后马上飞走，有时等不及了，也会先把卵产在地上，再找

◆杜鹃

图解繁殖与培育

机会把卵衔到其他鸟巢里。小杜鹃经过 12 天就出壳了，它用头或尾部把其他鸟卵或小鸟一个个拱出巢外，独享义亲的哺育，20 天后，它就飞离寄生鸟巢开始独立的新生活了。

小杜鹃寄养不会被发现吗？不同品系的雌性杜鹃对寄主的选择有专一性，它们能模仿寄主本身蛋的颜色和特定的花纹，以提高自己的蛋在寄主巢中平安孵化的几率。

雄蜘蛛为后代，英勇献身

图解繁殖与培育

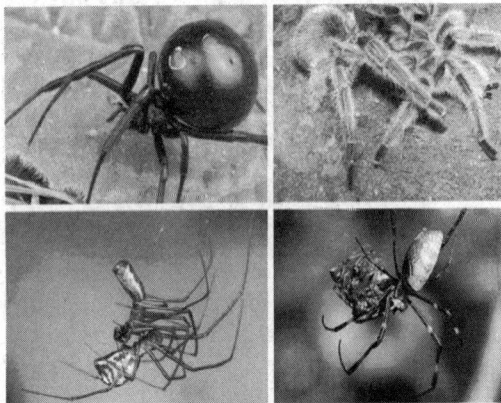

◆蜘蛛

许多类型的雄蜘蛛性成熟后会编织一个仅有几毫米宽的小"精网"，然后从生殖孔中排出精液，滴在精网上，再把精液吸入触肢器。在交配时利用触肢器将精液送到雌蜘蛛的纳精囊中。在繁殖的季节一般食物缺少，雄蜘蛛通常会在交配之后，被雌蜘蛛咬死，成为一顿美餐。有着同样命运的还有雄螳螂。它们被雌性吞食后为后代的发育提供了充足的营养，可谓是英勇牺牲了。

教你成为"超级妈妈"
——人工繁殖和培育动物的技术

大自然孕育的生命是那样美好又充满生机。聪明的人类通过观察和研究，发展了许人工多繁殖和培育生物的方法。一方面满足了人类生活和生产的需要，另一方面使得生物的品种更加丰富多彩，让我们能欣赏到更加美妙的生物。在这一节中我们将带大家一起认识人工繁殖和培育动物的技术。

◆蜜蜂的繁殖

人工授精——家禽的繁殖和培育技术

人工授精就是人为地使精子和卵子结合形成受精卵，之后受精卵再发育成胚胎，胚胎经过分化和发育，就会诞生新的生命。这样可以保证人类在生产和生活中所需家禽的数量和质量。

鸡的饲养条件有一定的要求。要注意水分和喂食，还要补饲砂粒，要根据用途控制体重和饲养方法。而且，

◆母鸡和小鸡

鸡在育雏期、育成期、产蛋期的饲养和管理方式也有不同。所以这并不是一件简单的事，科学家也在不断进行试验，不断改进饲养家禽的技术，以提高产量和质量。

图解繁殖与培育

知识窗

家禽的自然生殖

公家禽和母家禽生殖器官不同，公禽的生殖器官由一对睾丸、附睾、输精管和交配器组成。母禽的生殖器官由卵巢和输卵管组成。家禽在自然交配的情况下，公家禽通过交配器将精子通过母家禽的输卵管进入，精子和卵子相遇能形成受精卵，受精卵发育成胚胎，离开母家禽体内，即"下蛋"，在适宜的条件下形成新生命，即"母鸡孵蛋"。

我有问题：受精的蛋可以吃吗？

图
解
繁
殖
与
培
育

胚胎移植是将良性的雌性动物配种后的早期胚胎取出，移植到生理状态相同的其他雌性动物体内，使其继续发育成新个体。

我们都知道母鸡会下蛋。其实下蛋是母鸡排卵的方式。如果母鸡没有经过交配，那么我们吃的蛋就是母鸡排出的卵细胞，如果母鸡经过交配，那么产下的蛋就是一个受精卵，在适宜的条件下是可以孵出小鸡的哦。光看鸡蛋的表面很难区分是否是受精的鸡蛋，但不管鸡蛋是否受精，都是可以吃的，它们的营养成分是差不多的。

家畜的胚胎移植技术

胚胎移植技术能够提高动物的生产量，是近30年来国际上发展很快的一项生物技术，利用这项技术可以在相对短的时间里，从动物身上获得更多的良种后代，比传统的方法加快几倍、几十倍。

自从1890年Heape在英国剑桥大学首次报道兔子胚胎移植成功以来，胚

◆家兔

胎移植技术已经有一百多年的研究历史了。20 世纪 30 年代以后，胚胎移植的研究越来越多，对各种家畜的研究均获得成功。我国这一技术起步比较晚，1973 年家兔胚胎移植成功，之后绵羊、奶牛等相继获得成功。

克隆技术

科学家把生物体通过体细胞进行无性繁殖，复制出遗传性状完全相同的生命物质和生命体叫"克隆"，这门生物技术叫"克隆技术"，其本身的含义是无性繁殖，即由同一个祖先细胞分裂繁殖而形成的纯细胞系，该细胞系中每个细胞的基因彼此相同。

另外一种克隆方法是提取两个或多个人的基因细胞进行组合形成

◆ 克隆羊多莉

胚胎，出生后的克隆人将有提供基因的几个人的特征。

多莉羊是 1996 年英国爱丁堡罗斯林研究所利用克隆技术培育出的一只小母羊。它是世界上第一只用已经分化的成熟的体细胞克隆出的羊。克隆羊多莉的诞生，引发了世界范围内关于动物克隆技术的热烈争论。

知 识 窗

克隆的过程

先将含有遗传物质的供体细胞的核移植到去除了细胞核的卵细胞中，利用微电流刺激等使两者融合为一体，然后促使这一新细胞分裂繁殖发育成胚胎，当胚胎发育到一定程度后，再被植入动物子宫中使动物怀孕，便可产下与提供细胞者基因相同的动物。这一过程中如果对供体细胞进行基因改造，那么无性繁殖的动物后代基因就会发生相同的变化。

图解繁殖与培育

聚焦——克隆"人"的舆论

　　克隆技术可以用来生产"克隆人",可以用来"复制"人,对人类来说,如果克隆技术被用于"复制"像希特勒之类的战争狂人,会是怎样的后果?即使是用于"复制"普通的人,也会带来一系列的伦理道德问题。如果把克隆技术应用于畜牧业生产,将会使优良牲畜品种的培育与繁殖发生根本性的变革。若将克隆技术用于基因治疗的研究,就极有可能攻克那些危及人类生命健康的癌症、艾滋病等顽疾。人类应该采取联合行动,避免"克隆人"的出现,使克隆技术造福于人类社会。

图解繁殖与培育

教你成为"无敌园丁"
——人工繁殖和培育植物的技术

动物的世界是美妙而多彩、生动而有趣的。然而，在大自然中静静生长着的还有那神秘的植物世界。它们总是那样安静地生活着，却姿态百千，有很顽强的生命力，人工如何繁殖和培育植物的呢？看了这一节的内容，大家就能找到答案了。

图解繁殖与培育

播种繁殖

◆南洋杉

播种繁殖是园林树木育苗的主要手段之一，许多园林树木都可以用播种繁殖方法进行苗木繁育，以播种繁殖为主要育苗方式的常见园林树种如南洋杉、银杏、紫藤、棕榈等。播种繁殖主要依靠播种植物的种子来繁殖，首先要进行种子的采集、选择和贮藏工作，然后要进行播前的处理，播种后还要悉心管理和照顾。

分生繁殖

◆马铃薯

分生繁殖是营养繁殖方法之一，是指人为地将植物体分离出来的幼植物体或营养器官的一部分另行栽植而形成独立植株的繁殖方法。这是最简单、最可靠的繁殖方法。其操作简便，成活率高，但繁殖率有限，生产数量有限，不能满足大规模栽培的需要。如菠萝、马铃薯、水仙等。

压条繁殖

◆梅花

◆桂花

　　压条繁殖就是将接近地面的枝条，在其基部堆土或将基下部压入土中，较高之枝则采用高压法，即以湿润土壤或青苔包围枝条的被压部分，给以生根的环境条件，待生根后剪离栽植，成为一独立新株。

　　压条繁殖成活率高，用其他方法不易繁殖的种类，可采用此法，且能保持原有品种的优良特性；缺点是位置固定，不能移动，短时期内也不易大量繁殖。如梅花、桂花、含笑等。

图解繁殖与培育

扦插繁殖

扦插繁殖最适宜的时期，要根据花卉的种类、品种、气候、管理方法的不同而定。通常分为生长期的软枝扦插和休眠期的硬枝扦插两大类。由于其取材容易，繁殖量大，成苗快，开花早，能保持原有品种优良性状，故生产应用广泛。如栀子花、夹竹桃、小叶黄杨等。

◆小叶黄杨

嫁接繁殖

嫁接繁殖是指将营养器官的一部分，即枝或芽移接到另一植物体上，使之愈合而成为新个体的繁殖方法。被接的枝、芽称为接穗（芽），承受接穗（芽）的植株称为砧木。砧木苗的培育通常用播种的方法，这不仅因为实生苗对外界不良环境条件的抵抗力强，寿命长，而且由于它们的年龄

◆苹果树

小，不可能改变优良品种接穗的固有性状。大部分果树都靠嫁接来繁殖，此外还有白玉兰、蜡梅、槐树等。

组织培养

组织培养指在无菌条件下，采用人工培养基，对园林植物的某部分组织进行离体快速营养繁殖的方法，又称试管苗繁殖，简称组培或组培繁殖。该技术分离植物体的一部分，如茎类、茎段、叶、花、幼胚等，在无菌试管中，并配合一定的营养、激素、温度、光照等条件，使其产生完整植株。由于其条件可以严格控制，生长迅速，1～2个月即为一个周期，因

图解繁殖与培育

◆植物组织培养瓶

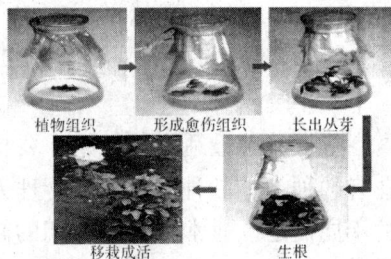

植物组织　形成愈伤组织　长出丛芽

移栽成活　　　　　　生根

◆植物组织培养流程

而在植物的生产上有重要应用价值。

　　植物组织培养已经走过了近百年的历程。但是科学家至今仍不能实现所有植物的组织培养再上，对基因型对组培成功的影响至今仍迷惑不解，而且对已经获得成功的植物，也还是有很多问题没有解决。

诱变育种

◆太空育种菜心

　　诱变育种是在人为的条件下，利用物理、化学等因素，诱发生物产生突变，从中选择，培育成动植物和微生物的新品种。这种技术已经广泛应用于人类的生产实践中。人类根据需要，对植物的品种进行改良和改造。比如，人类通过诱变育种，使花卉的颜色更加鲜艳，使果树的果实更加肥硕。太空育种必须进行科学检测，必须经过地面不少于 4 代的选育，只有这样才能获得遗传性状稳定的优良品种。

知识窗

太空育种

　　太空育种即航天育种，也称空间诱变育种，是将作物种子或诱变材料搭乘返回式卫星或高空气球送到太空，利用太空特殊的环境诱变作用，使种子产生变异，再返回地面培育作物新品种的育种新技术。目前，世界上只有美国、俄罗斯、中国成功地进行了卫星搭载太空育种。

图解繁殖与培育

人类的亲密朋友

——宠物的繁殖和培育

即便早已适应了封闭在钢铁丛林中的都市生活，我们还是在内心留有一份对自然的渴望。不能近距离接触野生动物，不能远离现代科技带来的舒适生活，内心的渴望又无法压抑，于是，宠物成了人类最好的精神寄托。猫和狗、鱼和鸟，这些活生生的小型动物，在抚慰孤独心灵的同时，也是存在于人类与大自然之间最后一座感性的桥梁。没有什么景象比人和动物其乐融融地相处更为感人了，在现代社会，也没有什么事物比宠物更能温暖慰藉人类的心灵了。

古怪的精灵——猫

　　猫的性格实在有些古怪。它有时候很乖，找个暖和的地方，成天睡大觉，无忧无虑。可是，它决定要出去玩玩，就会出走一天一夜，任凭谁怎么呼唤，它也不肯回来。可是，它听到老鼠的一点响动，又是那么尽职，它屏气息声，一连几个钟头，非把老鼠等出来不可！它要是高兴，能比谁都温柔可亲：用身子蹭你的腿，把脖儿伸出来让你给它抓痒。或是在你写作的时候，跳上桌来，在稿纸上踩印几朵小梅花。它还会丰富多腔地叫唤，长短不同，粗细各异，变化多端。在不叫的时候，它还会咕噜咕噜地给自己解闷。这可都凭它的高兴。它若是不高兴啊，无论谁说多少好话，它也一声不出。这就是猫，让人宠爱而又无奈。

◆个性十足的猫咪

知识储备

　　猫的身体分为头、颈、躯干、四肢和尾五部分，全身披毛。猫的前肢有五指，后肢有四指。猫的牙齿分为门齿、犬齿和臼齿，其中犬齿特别发达，尖锐如锥，适于咬死捕到的鼠类，臼齿的咀嚼面有尖锐的突起，适于

把肉嚼碎。猫行动敏捷，擅长跳跃，猎食小鸟、兔子、老鼠、鱼等。

知识库——猫的性格特点

◆猫咪最大的爱好就是睡觉

猫的最大爱好就是睡觉，所以被称为"懒猫"。但是，仔细观察猫睡觉的样子就会发现，只要有点声响，猫的耳朵就会动，有人走近的话，它就会腾地一下子起来了。

猫是喜欢单独行动的动物。猫和主人并不是主从关系，把它们看成平等的朋友关系更好一些。猫会把主人看做父母，像小孩一样爱撒娇，它觉得寂寞时会爬上主人的膝盖，或者随时跳到摊开的报纸上坐着，真是尽显娇态。

小猫在很多时候爱舔身子，自我清洁。饭后它会用前爪擦擦胡子，小便后用舌头舔舔肛门，被人抱后用舌头舔舔毛，这是在除去身上的异味和脏物。猫的舌头上有许多粗糙的小突起，是除去脏污最合适不过的工具。

猫舍设施

猫咪窝 小竹篮或小竹筐即可，便于清洗消毒，其中的铺垫应经常更换，并将被弄脏的铺垫物烧掉。稍加训练，新来的猫咪就会很快适应它的新窝。

猫的趾底有脂肪质肉垫，因而行走无声。趾端生有锐利的爪能够缩进和伸出，在休息和行走时爪缩进去，捕鼠时爪又伸出来，避免行走时发出声响，还可以防止爪被磨钝。

图解繁殖与培育

猫咪饮食

◆搞怪的宠物猫

◆猫咪便盆中使用的专用猫砂

便盆　用小塑料盆做便盆既方便又好清洗，盆内铺上沙土（或专用猫咪砂），这些松散物便于猫方便后用它的爪子掩埋。铺垫物最好每天更换一次，清洗便盆时避免使用刺激性强或带有特殊气味的洗涤剂，否则，下次猫就不喜欢使用它来便溺。此外，有些肥皂和消毒剂对猫是有害的。

旅行箱　带猫外出或去兽医院给猫看病，事先准备一只特制的旅行箱是很有必要的，这样猫在路上不会跑掉，待在里面也很舒服。

小贴士——怎样选猫咪

选择一只健康的猫咪是非常重要的。购买猫咪时，应尽量挑选眼睛明亮有神，清澈、无眼屎、鼻圆且湿润、无流鼻涕或其他结痂物的猫咪。同时健康的猫咪耳朵内部的毛干爽、干净且分泌物极少、口腔与牙龈呈淡粉色、无恶臭，四肢无变形弯曲现象，跑、跳动作灵活。病猫通常毛发无光泽，被毛凌乱，肛门不干净且有分泌物，周边的毛有粪便污染痕迹等。

食盘要固定　猫对食盘的变换很敏感，有时因换了食盘而拒食。为了猫的健康，要保持食盘的清洁，食盘底下垫上报纸或塑料纸，防止食盘滑

图解繁殖与培育

动时的声响，而且也易于清扫。每次猫吃剩的食物要倒掉或收起来，待下次喂食时和新鲜食物混合煮熟后喂给。

喂食要定时　定点"开饭"的生物钟一旦形成，不应随意变更。

纠正不良吃食习惯　一旦发现猫用爪钩取食物，或把食物叼到食盘外吃的现象，要立即调教，使其改正。

备足清洁饮水　猫饮用水必须是清水，而且每天都要更换。饮水盆可放在食盘一侧，以便猫口渴时自由饮用。

随时注意猫的食欲　影响猫食欲的原因很多，主要有饲料、环境和疾病三大原因。凉食、冷食不但影响猫的食欲，还易引起消化功能紊乱。一般情况下，食物的温度以30℃～40℃为宜，从冰箱内取出的食物，要加热后再喂。如果猫的食物单一、不新鲜，或者食物的气味、浓度、味道不对胃口等，猫会拒食。如果把猫饲料调配

◆水是猫咪饮食中必不可少的，要备足清洁饮水。

图解繁殖与培育

得花样多一些、适口性好些，能使猫始终保持食欲。食物的味道不要太淡，也不要太咸。猫喜吃甜食或有鱼腥味的食物。此外，强光、喧闹、有陌生人在场或有其他动物干扰等均可影响猫的食欲。若这两个因素都改善了，猫的食欲仍不好转，那可能是生病了，要及时请兽医诊治。

小知识——十二生肖中为何没有"猫"这个属相？

十二生肖是代表地支的十二种动物，常用来记人的出生年。十二生肖中除了龙以外基本上都是生活中比较常见的动物，可是为什么没有猫这种动物呢？

十二生肖的说法源于干支纪年法，传说产生于夏，但没有确凿的证据。可以考证的是，至少在汉代，十二生肖与地支的相配体

十二生肖的顺序排列为子鼠、丑牛、寅虎、卯兔、辰龙、巳蛇、午马、未羊、申猴、酉鸡、戌狗、亥猪。

人类的亲密朋友——宠物的繁殖和培育 ‹‹‹‹‹‹‹‹‹‹‹‹‹‹‹‹‹‹‹‹‹

系已经固定下来了。在汉代以前，我国还没有真正意义上的家猫，无论是《礼记》中所说的山猫，还是《诗经》中"有熊有罴，有猫有虎"的豹猫，都是的野生猫。

◆十二生肖中没有猫

我们今天饲养的家猫的祖先，据说是印度的沙漠猫。印度猫进入中国的时间，大约始于汉明帝时，那正是中印交往通过佛教而频繁起来的时期。因此，猫来到中国的时间，距离干支纪年法的产生，恐怕已相差千年了，所以来晚了的猫自然没有被纳入十二生肖中。

图解繁殖与培育

月宫灵物——兔子

"兔"在中国是一个美好的字眼。它既是人的生肖之一，也与人类的生命、人们的美好愿望密切相连。"小白兔，白又白，两只耳朵竖起来，爱吃萝卜和青菜，蹦蹦跳跳真可爱"。这首儿歌鲜明地描绘了小白兔生动形象的样子及习性，成为小朋友喜闻乐唱的儿歌。可见，小白兔在人们的心目中是一种可爱活泼的动物。

知识储备

◆宠物兔——维兰特兔

兔子是哺乳类兔形目的食草动物。头部略像鼠，耳朵根据品种不同有大有小，且耳朵可以自由转动，收集微小的声音。上唇中间分裂，非常可爱，尾巴和脚一样长而且向上翘，前肢比后肢短，善于跳跃，跑得很快。兔是中国的十二生肖之一，排名第四，对应地支中的卯。

知识库——兔子的性格

兔子有点像猫，个性独立，但有时会很黏人，怕孤单，所以人每天一定要抽出时间和它玩。

兔子很爱干净，在笼子里它会在固定地点方便（通常是在放饲料的另一边角落），可以在笼子下铺报纸（最好是白报纸，因为兔子有时会咬报纸，报纸上的油墨对兔子不好），在它方便的那个角落多铺几层。兔尿非常臭，量又多，所以要常更换报纸，大约两天一次，不然很快就会满室"清香"，兔子也会受不了。

兔子很聪明又很乖，教兔子在笼外固定地点方便，就像教小狗一样，教一两次就学会了。

兔子的情绪大多是为了吃，当它肚子饿了又发现食盆里没有食物时，它会打翻所有的食盆造成声响告诉你它饿了。当它对着你猛踏后脚时，表示它正在生气，或是警告同伴有危险。

知 识 库

养兔子须知

1. 不可揪它的耳朵，不然以后就立不起来了。
2. 要给它木头让它啃，因为它的牙不停地长，要磨牙。
3. 掉毛的时候要给它梳毛，不要让它吃下去。
4. 尽量不要给兔子洗澡，洗的话千万不要洗耳朵。
5. 狗与猫是兔子的天敌，请注意访客或误闯的动物。

兔子温暖的家

笼子　笼舍对兔子很重要，笼舍最好是上下两层，空间要大（小型狗的笼子也可），在兔笼的一边铺上毛毯之类的东西，兔子会自觉小便在没有毛毯的一边。

"饮水机"　如果在笼子里放上一个盛满水的碗，兔子会将它打翻，所以应在上面装一个滚珠水壶，既方便又安全。

◆宠物兔——狮子兔

◆宠物兔

图
解
繁
殖
与
培
育

　　食盆　盆最好是不锈钢的，盆底有一定的深度，将兔子的食物放在里面，不易洒出。

　　牧草架　将兔子的牧草放在里面，市场上不大能买到，也可以自己制作。

　　牵绳　用柔软的棉绳拴在兔子的脖颈上，可以带着它到外面去散散心。

兔子的饮食

　　兔粮　市场上兔粮各种各样，价格适中。

　　牧草　牧草对兔子来说是十分重要的，它可以促进肠道消化，预防许多疾病。建议到宠物店买。

　　蔬菜和水果　为了营养均衡，不要只喂饲料，有时可喂深色叶片的蔬菜、根茎类蔬菜和水果，例如萝卜、青菜、番薯叶、胡萝卜、苹果等，因兔子排毒功能较差，要注意最好不含农药，应彻底清洗干净，洗好之后放在通风处晾干1～2小时后再喂（不要曝晒在太阳下）。

知识库

小白兔的眼睛为什么是红色的？

兔子眼睛的颜色与它们的皮毛颜色有关系，黑兔子的眼睛是黑色的，灰兔子的眼睛是灰色的，白兔子的眼睛是透明的。因为白兔眼睛里的血丝（毛细血管）反射了外界光线，透明的眼睛就显出红色。

兔子的饲养

搞好卫生　兔子的抗病力很弱，笼舍卫生是兔子健康的保证。要保持兔笼通风干燥，经常清除粪尿，笼底、食具定期擦洗，兔舍要勤打扫和消毒。

饲料丰富　营养成分全面兔子才能生长发育好，为满足兔机体的需要，必须多种饲料搭配，保证含有一定量的蛋白质、脂肪、碳水化合物、矿物质、维生素等。如饲料单一，会引起营养缺乏症和代谢病。

◆宠物兔——泽西长毛兔

喂料定时定量　根据兔子生活习性，喂料也要定时、定餐。一般一日喂两次为宜，做到早餐早、晚餐多而迟。根据不同饲料和季节、生长阶段等情况调整喂量。

注意环境温度　冬春季节气温低于 $8℃$，必须做好笼舍保温工作，防止冷风侵袭，特别是刚剪毛或者产崽不久时。夏季室温超过 $35℃$，有利于各种细菌的繁殖。梅雨季节必须做好防潮通风工作，避免因环境不适所引起各种疾病。

加强疾病防治　定期免疫，定期投喂预防药，定期消毒。

图解繁殖与培育

知 识 库

兔子生病迹象

1. 兔毛无光泽，掉毛严重；
2. 眼睛无神，有眼屎肿胀现象；
3. 流鼻水，没有食欲；
4. 耳朵有耳垢，有臭味；
5. 活动差，躲到角落缩成一团；
6. 有湿糊便；
7. 体重忽然下降等。

图解繁殖与培育

兔子的繁殖

◆兔笼

兔子出生后8个月左右，性发育成熟，雌兔出现烦躁不安的现象，是发情征兆。交配后，雄兔会发出高亢的叫声而昏迷。

雌兔怀孕后，应与雄兔分开。在笼内铺设稻草或其他干草，并用布将笼子围起，尽量不要碰触，给雌兔安静稳定的生活环境。雌兔会拔下自己腹部的毛做巢。

从怀孕到生产，雌兔将变得非常神经质，过分接触它，可能会咬伤饲主，或咬死自己生下的小兔。一般母兔一胎可生下5~6只小兔，食物或饮水不足时，母兔也可能会吃掉小兔，因此要供给充足的食物和饮用水。经过30天左右小兔即可离开母兔，可以喂浸泡牛奶的面包、柔软的蔬菜，很容易养驯。

动动手——小兔和年轻的兔子应该吃什么?

出生到 3 个星期:母奶。

3 到 7 星期:母奶、一点点苜蓿和饲料。

7 星期到 7 个月:不限量的饲料和干草。

12 个星期:慢慢给予蔬菜。

7 个月到 1 岁的兔子(年轻的成兔):慢慢给予草料和燕麦干草,减少苜蓿量,慢慢增加蔬菜。

1 岁到 5 岁的兔子(成兔):无限量供应干草、燕麦干草和稻草,每 2.5 公斤给以四分之一到二分之一杯的饲料(根据兔子的新陈代谢,或是蔬菜的量)。

6 岁以上的兔子(年纪大的兔子):如果体重维持不变,可以继续给予成兔的饮食。如果兔子体重过轻,可以喂食苜蓿(但只有在兔子含钙量正常时才可以喂食)。

图解繁殖与培育

和平使者——鸽子

　　鸽子是大家非常熟悉的一种鸟。它朴实无华，没有漂亮羽毛作为装饰，通常以雪白、浅灰、褐色多见，在这种平淡的外表之下，深藏着惊人的本领和迷人的奥秘。鸽子能穿越蓝天传递信息，速度快，方位准，它们能在辽阔的天空中辨别方向，准确地找到目的地。要知道，鸽子有时要飞越几百、几千千米的路程，有数不清的障碍，包括崇山峻岭、大江大河、气候变化等，总之，当鸽子展开双翅，飞向蓝天云海时，它们显得那么自信从容，谁也不会怀疑它们的辨向能力。所以，千年来鸽子一直是人类的朋友、忠实的信使。

知识储备

◆鸽子

　　我们平常所说的鸽子是家鸽。有羽点、灰、黑、绛和白等多种。家鸽足短矮，喙短。嗉囊发达，雌鸽生殖时期能分泌"鸽乳"哺育幼雏，属晚成禽类。配偶终生基本固定，一年产卵 5～8 对。雌鸽在夜间孵卵，雄鸽在白天孵卵。孵化期 14到 19 天。所有鸽类都能以"鸽乳"喂哺幼雏。幼雏将喙伸入亲鸟喉中去获得鸽乳。

知识库——鸽子的习性

鸽子易受惊扰，对周围的刺激反应十分敏感。因此，在饲养管理中要注意保持鸽群周围环境的安静，尤其是夜间要注意防止鼠、蛇、猫、狗等侵扰，以免引起鸽群混乱，影响鸽群正常生活。

鸽子具有很强的记忆力，对固定的饲料、饲养管理程序、环境条件和呼叫信号均能形成一定的习惯，甚至产生牢固的条件反射。对经常照料它的人，很快与之亲近，并熟记不忘。若平时粗暴地对待它们，往往会不利于饲养管理。鸽子还是习惯性较强的动物，要改变它们的原有生活习惯，需经过一段时间逐渐调适。因此，应固定日常饲养管理程序和环境条件，以保证其产卵。

鸽子的饲养

鸽子的饲料以杂粮为主，比较常用的有小麦、荞麦、高粱、玉米、豌豆、绿豆、麻子等。应至少选用两种饲料混合饲喂，例如麦、玉米、高粱共3份，豌豆1份。除杂粮外，还可以供给青菜、卷心菜、麦苗等青饲料及矿物饲料。矿物饲料的配比是：黄泥、黄沙各3份，熟石灰2份，盐1份，贝壳粉或蛋壳粉0.5份，木炭0.5份，碾碎后加水混合搓成圆球晒干，

◆鸽食

◆小型鸽舍

喂时将圆球打碎置于鸽舍内。

每天喂料两次，上午 7 点左右一次，下午 4 点 30 分左右 1 次，上午的饲喂量占其日粮的 1/3，下午的饲喂量占其日粮的 2/3，每天每只成年鸽的饲料量为 50 克左右。饲料应在鸽子回到鸽舍后喂，使其形成回舍有食的条件反射，以利于归巢。

饮水每天早上更换一次，天气暖和的话，一天换两次水。水罐架高在平台上，避免灰尘落进去。

鸽子是极爱清洁的鸟类，必须十分注意鸽舍的清洁卫生，夏、秋季每周至少水浴两次，冬季每周水浴一次即可。

图解繁殖与培育

鸽子的繁殖

◆鸽子窝

鸽子是严格的"一夫一妻"制鸟类。鸽子性成熟后，对配偶具有选择性，一旦配对就感情专一，形影不离。鸽子丧偶后要经过较长时间才能重新配对。因此，在育种时，要掌握鸽子这一特性，尽早制定人工选配计划，以防自由配对。另外，成年鸽失去配偶后，在发情季节，因性欲强烈，也可能出现乱交乱配现象，这就可能会扰乱鸽群，为了保持鸽群的安静，可以将发情鸽及时配对，或者暂时将其隔离。

鸽子交配后，就会寻找筑巢材料，构筑巢窝。生产性能好的公鸽还具

有"驱妻"行为，若雌鸽离巢时，雄鸽会追逐母鸽归巢产蛋。雌鸽产下蛋后，雌雄鸽轮流孵蛋，公鸽每天上午9时入巢孵化，换母鸽出巢觅食、活动。下午5时母鸽入巢孵化至次日上午9时。就这样公母交替，日复一日，直到孵出雏鸽为止。幼鸽孵出后，公、母亲鸽共同分泌鸽乳，哺育幼鸽。鸽卵孵化期一般为17天左右，超出这个时间，幼鸽尚未孵出，父母鸽就会放弃旧巢，另寻新巢产蛋再孵。因此，若发现超过孵化期还未出雏，应及时取出未孵出的蛋，以便让鸽及时产蛋。

鸽是晚成鸟，与其他鸟类不同，幼鸽刚出壳时，眼睛不能睁开，体表羽毛稀少，不能行走采食，需经亲鸽喂养30～40天左右才可独立生活。

信鸽的管理

训练要持之以恒　每天早晚两次，放飞训练必须坚持1～2小时，风雨无阻，以增强耐力。

培养信鸽的服从性　训练者必须先与信鸽进行"亲和"，信鸽方能在训练时呼之即来，挥之即去。"亲和"从幼鸽开始，训练者要亲自教会鸽子饮水和采食，并使鸽子对训练的信号形成条件反射；喂食

◆鸽舍设计：两居变三居（雄鸽舍 / 雌鸽舍）

时，对信鸽要给予亲切的呼唤和抚摸，让鸽主动近人。久而久之，鸽子养成对主人亲近、无恐惧心理。"亲和"成功后，信鸽才能对人服从，接受飞翔训练。

及时配对，防止飞失　在发情期，没有配偶的信鸽容易发生飞失。一般配对2～3天即可成功。

用清水让信鸽洗浴　信鸽每天都要放飞，洗浴既能保持羽毛的清洁，又能防止体外寄生虫的寄生。洗浴时间应选在晴天中午进行，夏季每周5～7次，冬季1～2次。洗浴水中可加入少量碘酒或0.1％高锰酸钾。

经常检查鸽群的健康　早晨放鸽时观察鸽子出笼速度、数目和飞翔情况；检查鸽舍内羽毛、粪便有无异常；晚上信鸽入舍时要清点数目，观察

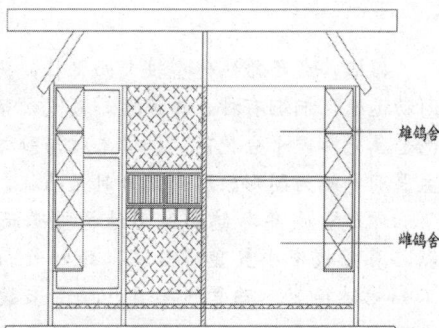

食欲与行为，及时发现有病态征兆的信鸽，采取相应措施。另外，信鸽还应根据情况接种相应疫苗。

知 识 窗

鸽子的叫声

鸽子喜欢发出欢快的"咕、咕"叫声。春季鸽子正处于发情高峰期，此时它们的叫声洪亮，晴天的早晨更为明显，即使配上对的雄鸽也会叫和追逐其他雌鸽，只有和配偶待在窝里的时候，才会安静一些。

知识库——成年雌雄鸽鉴别

图解繁殖与培育

雄鸽：成年雄鸽体型较大而肥壮，头顶稍平，眼环大而略松，眼睑（瞬膜）闪动迅速，炯炯有神，鼻瘤大，额宽，颈粗短，颈椎粗硬有力，颈羽略粗呈紫绿色金属光泽，十分艳丽。胸骨末端与耻骨间距紧接，脚粗壮有力，胫骨粗而圆，主翼羽尖端为圆形。肛门闭合时呈凸状，张开时呈六角形。

雌鸽：成年雌鸽的体型结构紧凑而优美，头部狭长，头顶稍圆，眼环紧贴，鼻瘤较窄小且显得紧密。颈细长而稍软，颈羽也较纤细而软，金属光泽不如雄鸽艳丽。胸骨短而直，胸骨末端与耻骨间距较宽，同时耻骨之间的距离既宽又富有弹性。脚细而短，胫骨较细，两侧为扁形，主翼羽羽尖和胸部羽毛尖端为尖形，翅膀收得较紧，尾羽较雄鸽洁净。肛门闭合时呈凹形，张开时呈星状。

另有一种假吻方法：一手持鸽，一手持鸽嘴，两手同时上下挪动（像鸽接吻一样），一般来说，尾向下垂的是雄鸽，尾向上翘的是雌鸽。

鸽配对技术

幼鸽到 5～6 个月时，主翼羽（初级飞羽）已脱换 6～8 条新羽（即"吊六"至"吊八"），这时鸽子便开始发情，即性成熟了，可以进行配对繁殖。此时，鸽子十分活跃，常从一个鸽巢飞到另一鸽巢，互相挑逗。

人类的亲密朋友——宠物的繁殖和培育

配对前的准备

鸽舍及用具准备　家庭饲养的小型鸽舍可利用空屋、阳台、屋檐下或门前空地。鸽舍面积按每平方米饲养 3 对种鸽计算。用竹条或铁丝网等做笼，每个鸽笼立体养殖可设计 3～4 层。配齐食槽、水槽、沙杯及产蛋巢。进鸽前 1 周对鸽舍、鸽笼进行消毒，可用百毒杀消毒，或用福尔马林加高锰酸钾熏蒸消毒。

增强种鸽抗病能力　在配种前 15 天用红霉素、氯霉素及四环素等预防传染病；用左旋咪唑或驱蛔灵驱虫；种鸽每周洗浴 1 次，最后 1 次洗浴时，在水中加入适量敌百虫，以杀灭鸽虱子、鸽蝇等寄生虫。

自由配对　又可分为大群自由配对和小群自由配对。所谓大群自由配对，就是在一群鸽中，

◆配对前的准备

图解繁殖与培育

事先准确地鉴别公母鸽，使公母鸽的数量相等，年龄相近，让鸽子在鸽群中自由寻找配偶。这种方法省工，但整群完成配对所需时间较长。所谓小群自由配对，即在 10～12 平方米的鸽舍内放养 20～30 对公母鸽，甚至在更小的棚舍内放十几对公母鸽，让其自由配对。这种配对方法的特点是由于空间较小，鸽子之间接触机会增多，完成配对的时间可大大缩短。

人工配对　多在晚上强行配对。选择体型重量相近、毛色一致的公母鸽配对，眼的"沙粒"也最好相同。另外，为了不使白色羽毛的鸽子被其粪便污染，应把它们放在顶层的笼子里。为了将配对工作做得细致一些，配对时一个笼放一对鸽子。可在笼的中间先用铁丝网或玻璃板隔开，通过

隔窗相望，互相熟悉。一般经过几天时间，公母鸽彼此喜欢亲近时，便可抽去隔板，让其配对，否则容易打架。

◆雏鸽正在进行日光浴

图解繁殖与培育

小贴士——鸽子繁殖应注意的问题

1. 要经常检查巢盆内有无垫草，无垫草容易使种蛋破裂而影响繁殖率。同时要注意巢盆稳定和位置固定，巢盆不稳定，容易摔坏或摔死幼鸽。

2. 由于种鸽对幼鸽哺育不勤，会导致幼鸽发育迟缓；给食不坚持定时定量，缺乏饮用水，也会影响幼鸽的正常发育。

3. 孵化后一周内，不能让母鸽与雏鸽分离。要注意鸽舍和巢盘的卫生，防止寄生虫。

4. 鸽子孵化时对外面的警戒心很高，所以一般不要去摸蛋，或偷看鸽子孵蛋，不要让外人进入鸽舍参观，尽量保持鸽舍安静。遇到鸽子孵蛋期间到外面活动时，不必担心，鸽子知道如何孵蛋，如何调节温度。

5. 如发现每窝产1枚蛋，或产软壳蛋和沙壳蛋，这是营养及保健砂的问题，解决的办法是供给营养丰富的饲料和优质的保健砂。

6. 如果同时有几窝都是产1枚蛋，可以把两三窝合并成一窝孵化。孵化中剔除无精蛋、死胚蛋以后，剩下的单个发育正常的蛋在孵化时间接近的情况下，也可以两三枚合在一起孵，以提高鸽群的繁殖率。

人类的亲密朋友——宠物的繁殖和培育 ‹‹‹‹‹‹‹‹‹‹‹‹‹‹‹‹‹‹

知 识 窗

为什么鸽子头总是转个不停？

鸽子的眼睛不像人类或者猫头鹰那样，而是一边一个。这样鸽子看到的就是两个单眼的成像，而不是两个眼睛形成的图像。于是它们必须不断移动自己的脑袋，以便获得更多信息。

模仿大师——鹦鹉

鹦鹉与人类的文明发展息息相关，它们是人类最好的伙伴和朋友。鹦鹉聪明伶俐，善于学习，经训练后可表演许多新奇有趣的节目，是各种马戏团、公园和动物园中不可多得的鸟类"表演艺术家"，深受大众喜爱。它们可以学会各种技艺如衔小旗、接食、

骑自行车、拉车、翻跟斗等等。人们对鹦鹉最为钟爱的技能当属效仿人言，事实上，它们的"口技"在鸟类中的确是十分超群的。人们喜爱这些美丽的飞禽，为它们发行邮票，建立网站，组织保育协会，设定保护区，甚至把它们作为智慧的象征。在长期的驯养过程中，鹦鹉带给人们不少欢乐，甚至帮助人们治愈疾病。

知识储备

◆鹦鹉

鹦鹉是色彩艳丽的鸟。它们的喙弯曲有钩，腿较短。脚掌前后有双趾，走起路来样子很怪，但爬起树来却是行家。这时候，它们的喙往往会助一臂之力。鹦鹉的舌头厚而强健，能够巧妙地摆弄它们的食物——种子和水果。鹦鹉一般以配偶和家族形成小群，栖息在林中树枝上，自筑巢或以树洞为巢，食浆果、坚果、种子、花蜜等。平均寿

图解繁殖与培育

命为 50～60 岁，大型鹦鹉可以活到 100 岁左右。

动动手——训练鹦鹉学舌

训练鹦鹉说话，首先要使它和人亲近，对人没有恐惧感，然后才开始教它说话。每天给鹦鹉充足的水和食物，保持清洁，使它精神愉快。

调教鹦鹉，以清晨为好，因为鸟在清晨较为活跃。训练时的环境要安静，要有耐心。发音清晰，不含糊。选择的语句简单明白。每次只能教一句话，数天反复教这一句，直到鹦鹉学会，学会后还要巩固。在它没有熟练前，千万别教第二句。否则，会把鹦鹉搞糊涂的。当所教语句较长时，可以分段训练。

在教鹦鹉说话时，如果发现它不注意声音，而专门注意人时，人就应该藏起来，只发出声音教鹦鹉，这样，鹦鹉才会专注学语。平时教话时，人也不应太靠近鹦鹉。

◆玄凤鹦鹉

◆虎皮鹦鹉

图解繁殖与培育

鹦鹉的生活环境

鸟儿的耐热程度远比人要高，它们虽然可以耐热，但不能耐潮，所以鹦鹉们最怕的就是潮湿。阴雨连绵的天气对于鹦鹉来说真是糟糕透顶。如果空气闷热，氧分子减少，鹦鹉的身体会感到极度不适应，这个时候，主

人最好开启空调，对室内进行降温除湿，同时不要把鹦鹉放在空气不流通的阳台上。如果是冬天，尽可能让鹦鹉待在没有空气加湿器的屋子里，以防受潮生病。暖气倒不会对鹦鹉造成任何威胁。在它看来，潮比热更可怕。

鹦鹉的餐单

◆鹦鹉

包括清水（每天更换数次）、合成粮（包含各种维生素和矿物质）、新鲜蔬果（适合你爱鸟的体型）供给水分和维生素。不要给鹦鹉细沙石，吞下太多对胃囊有不良影响，甚至死亡。钙片和墨鱼骨对所有鹦鹉都重要，灰鹦尤其需要。如要供给钙水，请先咨询兽医有关鹦鹉的分量。

同时，你的爱鸟会很高兴和你一起进食，对你健康的食物它都可以吃，但请注意不要给它牛油果，朱古力，含酒精、咖啡因、高糖、高脂肪和高盐分的食品。

维生素 A 对身体组织发展很有帮助，哈密瓜、芒果和甘薯都含有丰富维生素 A。维生素 D3 对钙质吸收很有帮助，鹦鹉可从阳光直接吸收到，但并不是玻璃窗过滤后的光线。因此鹦鹉大概需要每天 25～30 分钟的阳光照射，多在户外活动的鹦鹉会比较健康。

小知识——最合适的鹦鹉饲料

一般情况下，鹦鹉 60% 的饲料可使用谷物，如谷子、粟子、玉米、燕麦，其余的要搭配各种豆类的嫩芽（买一些黄豆、豌豆、绿豆、红豆，用水泡过后发了嫩芽，切记不要泡霉了，要经常换水），水果和蔬菜每天供给（一定要新鲜，冬天在笼中放置时间不要超过 3 小时、夏天不要超过 1 小时），最后是一些油料

图解繁殖与培育

作物如麻子、葵花籽、花生、核桃，这些油料作物不要喂太多，占饲料的5%～10%，一般作为奖赏的零食供给，快到冬季时可以多添加点油料作物，以便长膘御寒。最后就是偶尔可以喂一点小虾子，补充蛋白质。墨鱼骨和鸡蛋壳可以补充钙，放置笼中自由啃食。

幼鸟可食鹦鹉奶粉，奶粉只是对幼鸟所吃的一种流质食物的叫法，而不是真正的奶粉，切记不能喂牛奶和其他动物的奶，一般没有断奶的鹦鹉可以给它喂专用的鹦鹉奶粉，没有条件的喂婴儿米粉就可以（要不含奶和脂肪的），根据幼鸟的年龄一天喂3～6次，温度最好在38℃，每次喂食米粉时要注意摸鸟的嗉囊，看上一顿吃的是否消化干净，如果没有消化完千万不要再喂，小心嗉囊炎。

◆葵花鹦鹉

知识窗

鹦鹉越冬

大多数种类的鹦鹉都有一定的抗寒能力，只要保证鹦鹉不挨饿，不被寒风直吹，冬季保持5℃以上的室温，就能让鹦鹉舒适地越冬。

鹦鹉的繁殖

如果打算自己繁殖鹦鹉，首先必须准备一个鸟巢，悬挂于鸟笼内。繁殖期间，一对种鸟应单笼饲养，平时在饲料中要多提供一些含钙营养，例如墨鱼板骨等，保证雌鸟产卵需要。繁殖期间，雌鸟会逐步减少进食，雄鸟则会去喂哺雌鸟，而且雌鸟显得比平常没精神，好像很疲倦似的。雌鸟每次产3～5只蛋，隔一天产1只蛋，孵化期一般为21天左右。孵蛋期间雌鸟会在巢内专心孵蛋，雄鸟在旁边看守保护，有时一些雄鸟也会协助雌

图解繁殖与培育

◆牡丹鹦鹉

鸟孵蛋。蛋孵了五天后，可用电筒灯光照射蛋只，检查是否受精，没有受精的蛋应予淘汰。孵蛋期间如果天气过于干燥，必须隔日向鸟巢外喷雾或洒水，以提高巢屋内的空气湿度，保证雏鸟的成活率。一般鹦鹉都能熟练地照顾好雏鸟，但也有极少数会出现攻击或放弃雏鸟的现象，如果万一发现这种情况，就要采取人工喂哺的办法。初养鸟者可请教有经验的朋友，一般方法都是将糊状饲料装在取掉针头的一次性注射器里，雏鸟一般会自己张开嘴巴，把饲料挤入雏鸟口中就行了。

鹦鹉的疾病防治

呼吸器官病　常见的是感冒，其症状是流鼻涕。鸟儿感冒后，立即移到室内饲养，并给以保温，很快就会自愈。若病情不能自愈，可将硼砂溶于温水中，配成 2%～4% 的硼酸溶液，用来冲洗鼻孔周围，并喂给金丝雀草种子饲料，以增强抵抗力。也可在饮水中滴几滴葡萄酒或喂给维生素制剂，帮助它恢复健康。

我叫小波

消化器官病　由于吃了不清洁的青饲料或饮水不卫生，引起拉痢，病鸟一般排白色浆状稀粪，下腹部羽毛沾污。鸟儿患此病后，主食饲料只喂稗子，并转放暖和的地方饲养，要一鸟一笼隔离，防止传染。在饮水中滴入红酒数滴。重者可使用药物，在饮水中加痢特灵 0.01%（每片研碎后加

图解繁殖与培育

水 1000 毫升），连饮 3 天即愈。

寄生虫病　虎皮鹦鹉身上的羽虱很多，必须注意消灭。除虱的办法可用兽用消灭清粉或用神奇药笔涂抹。此外，虎皮鹦鹉还易受血吸虫的危害。巢箱往往是产生血吸虫的大本营。每次孵窝完毕，要马上用开水烫一遍巢箱，再在箱内涂上对鸟无害的杀虫药 BGP 水溶液，保持清洁干燥，预防寄生虫。

鱼水情长——金鱼

金鱼是我国人民乐于饲养的观赏鱼类。它身姿奇异，色彩绚丽，可以说是一种天然的活的艺术品，因而为人们所喜爱。在人类文明史上，中国金鱼已陪伴着人类生活了十几个世纪，是世界观赏鱼史上最早的品种。在一代代金鱼养殖者的努力下，中国金鱼至今仍向世人演绎着动静之间美的传奇。金鱼是和平、幸福、美好、富有的象征。我国古代，就赋予金鱼以美好的象征和寄托。如"金鱼满塘"与"金玉满堂"中的"鱼""塘"与"玉""堂"谐音，都是喜庆祝愿之词，表示富有。

知识储备

◆金鱼

金鱼也称"金鲫鱼"，近似鲤鱼，但无口须，是由鲫鱼演化而成的观赏鱼类。金鱼的品种很多，颜色有红、橙、紫、蓝、墨、银白、五花等，分为文种、龙种、蛋种三类。其实金鱼的颜色成分只有3种：黑色色素细胞、橙黄色色素细胞和淡蓝色的反光组织。所有的这些成分都存在于野生鲫鱼中，家养金鱼鲜艳多变的体色，

只不过是这 3 种成分的重新组合分布。

知识库——金鱼头形和眼睛的变异

头形的变异

平头型：其头部皮肤是薄而平滑的，称为平头型。

鹅头型：头顶上的肉瘤厚厚凸起，而两侧鳃盖上则是薄而平滑的。

狮头型：头顶和两侧鳃盖上的肉瘤都是厚厚凸起，发达时甚至能把眼睛遮住。

眼睛的变异

正常眼：与野生型鲫鱼的眼睛一样大小。

◆紫身四红球观赏鱼

龙眼：眼球过分膨大，并部分地凸出于眼眶之外。

朝天眼：朝天眼与龙眼相似，都比正常眼大，眼球也部分地凸出于眼眶之外，所不同的是朝天眼的瞳孔向上转了 90 度而朝向天。

水泡眼：这种眼的眼眶与龙眼一样大，但眼球却同正常眼的一样小，眼睛的外侧有一半透明的大小泡，这种眼称为水泡眼。

金鱼的饲料

动物性饲料　动物性饲料是金鱼最喜爱吃，而且营养最丰富的饲料之一。它的品种很多，常见的有鱼虫（俗称红虫、水蚤）、剑水蚤、草履虫、轮虫、孑孓、水蚯蚓。用鲜活的红虫适当投喂的金鱼要比投喂其他代用饲料的金鱼发育快，颜色鲜艳、鱼病发病率也相应减少。而剑水蚤游动快，投喂最好用开水烫一下。孑孓是蚊子的幼虫，其营养丰富，价格也较贵，不容易保存，需要冷藏，一般爱好者直接将其冷冻后投喂。

植物性饲料　金鱼的饲料当然是以动物性饲料最理想，但是，在缺乏

图解繁殖与培育

◆金鱼品种一红白狮

动物性饲料的情况下，植物性饲料可以成为救急或维持生命的辅助饲料。常见的有浮萍、水草等，其中浮萍是种子植物中体形最小的种类之一，其植物体无根，茎细小如砂，营养成分也较好。另一种是小浮萍，它有一条细丝状根，金鱼在饥饿时也要吃，一般只可喂较大的金鱼，但不可多喂，喂前要仔细检查有无害虫和虫卵，或用低浓度的高锰酸钾溶液浸泡片刻再喂，否则很容易带入病菌和虫害。

合成饲料　用鱼粉与等量的面粉混合，添加少量酵母和维生素 A，用木薯粉作黏合剂，加适量的水做成小颗粒，晒干即可用来投喂。金鱼爱吃这种人工配合饲料，必要时还可加入药物，用来防治各种鱼病。

小知识——家养金鱼缸的准备

鱼缸的选择：家庭养殖的鱼缸以圆形较多，可以根据本人的爱好及家居的状况确定。选择时缸壁要求清晰、透亮、滑润而无瑕。一般在买鱼前3～4天安放好，在其中放入鹅卵石等底石后，再装满清水待用。这样一方面能使水体进行熟化，另一方面又可使缸壁上着生藻类等，对金鱼生长有利。

鱼缸的放置：一般要求放置在通风透光处，夏天应避免阳光直射，冬天要防冻保暖。在家中最好是放在便于观赏的显眼位置。

金鱼的饲养

一般换水　正常情况下，特别是炎热的夏天，每天只要坚持将鱼池（缸）底部的粪便和脏物连同陈水，用胶管轻轻吸出 1/10～1/5，清除水面

图解繁殖与培育

灰尘及浮出的粪便，然后沿池（缸）壁徐徐注入等温的新水，保持水质的清洁。这种换水方法不易伤及鱼体，简便而安全，最适用于家庭或小池养鱼者应用。

部分换水 这种换水方法主要在两种情况下进行。一种情况在炎热的夏季和初秋，鱼池（缸）中的饲水换了没有几天，而水色转绿极快（饲料投喂量偏少的缘故），水质尚清洁的情况下，为了防止金鱼烫尾，可把池（缸）中的金鱼全部捞出来，然后把池（缸）中的水成螺旋形转动，待静止片刻后，把池（缸）中央的污物和陈水用橡皮管吸去 $1/3\sim1/2$，然后注入等温、等量的新水，再把金鱼捞入原池（缸）内饲养。

另一种情况是池（缸）中的水才换没有几天，水色尚好，可

◆金鱼品种－五花兰寿金鱼

◆金鱼品种之一算盘珠墨龙睛

因为当天喂食量过多，出现浮头的情况，必须采取应急措施。换水的办法和上面讲的相同。

如果是渔场的大鱼池，就不必把金鱼捞出来，而用折叠式拦网把鱼拦围在一边，再把池中的水用捞网轻轻旋转数十秒钟，待水静止片刻随后开动排水闸慢慢放水或用吸管吸除池（缸）中央过剩的鱼虫、粪便和陈水，或用捞鱼网兜从中央捞去过剩鱼虫后，再放去 $1/4\sim1/2$ 的陈水，最后注入等量、等温新水，这种方法常见于渔场或家庭因投食量过多的时候所采用的急救方法。

彻底换水 这往往是结合翻池（缸），挑选幼鱼或成鱼的同时进行的一种换水法。常常是由于水质严重败坏或青苔过长，鱼过密的情况下才采用的。具体有两种方法。第一种，在没有空闲池的情况下，只好将全部金

鱼捞入盆内或者把网箱放入邻池水中暂养，在盆内或网箱内加入增氧头增氧。然后，刷去原池壁上的青苔，彻底冲洗干净以后，重新注入等温新水，静置片刻待水温相等后将鱼捞入原池（缸）内。第二种，如果有空闲池和新水时，则只要将全部金鱼捞入盆或网箱内，分别挑选处理好，该分池的分池，不分池的待水温相等后就可将金鱼移入新水内饲养。这种换水方法应特别注意水温，最好要选择晴天的早晨 9 时前进行。不过此法一般只适用于成鱼或较大的幼鱼，仔鱼不宜使用。如果条件许可，在彻底换水前，可先在备用的池（缸）中盛满伏水，然后把鱼直接捞入备用池（缸）内为好。这样水温变化小，鱼群容易适应新环境，使鱼免受盆内或网箱内挤轧之苦。这种换水方法，在春、秋季节一般每隔半月左右进行 1 次。夏季大伏天气、水温高达 28℃以上，在水色极易浓色，水质很易混浊的情况下，一般 4～7 天应彻底换水 1 次。冬季水温降至 4℃左右，金鱼活动缓慢，食欲减少，水质不易败坏，无特殊情况一般不全部换水。

图解繁殖与培育

知识窗

鱼病防治

鱼缸养殖金鱼应注意防病，具体措施除经常捞出残饵、勤换水外，还应不定期地用 2‰～3‰食盐水洗浴鱼体 5～10 分钟，消毒鱼体；体表受伤，可用金毒素、肤轻松等软膏涂抹鱼体；投喂小鱼虾、螺蚌肉等新鲜物质，应经清水冲洗干净；在自制的饵料中加入痢特灵、土霉素粉等药物，都可预防金鱼病的发生。

知识库

金鱼烫尾病

又称气泡病。因夏季天热、水质过肥、溶氧过饱和以及饵料不足等所致。症状表现：尾鳍上有很多斑斑点点的气泡，鱼头朝下，鱼尾朝上，有的因日晒过久而尾部受烫伤。

处理：红药水或紫药水适量涂抹鱼患部。

说明：立即换上新水，降低水温，勤投饵料，给鱼池遮阴降温。

人类的亲密朋友——宠物的繁殖和培育 ‹‹‹‹‹‹‹‹‹‹‹‹‹‹‹‹‹‹‹‹

小知识——养鱼水的种类

生水　指刚放出而未经晾晒处理过的自来水或井水。其水温常与养鱼池（缸）中的水温相差较大，含氯气较多，这种水对金鱼危害极大。

新水　就是自来水或井水、泉水，经过晾晒静置沉淀2~3天左右的，并且与鱼池（缸）水温相等或相似的干净水。

陈水　就是鱼池（缸）中底部含有粪便、污物的脏水。包括池（缸）中长期未换的饲水。

老水　就是鱼池（缸）中清洁而呈嫩绿色、绿色、老绿色或绿褐色的水的统称。其中以嫩绿色水为最佳。老水中浮游的绿藻较多，它们也是金鱼很好的辅助饲料。这种水中腐败分解的有机质少，溶氧较多，常以嫩绿色而清洁的老水养鱼，养出来的鱼食欲最为旺盛，鱼体健壮，色泽鲜艳，发育很快。

回清水　如果发现原来池（缸）中的老绿水突然变成澄清水，许多绿藻沉淀缸底，这种现象称之回清水。这种水容易引发鱼病，需全部更换。

◆投篮踢球跳舞样样行的金鱼

◆鱼（左：雄鱼的生殖乳突既尖又细
　　右：而雌鱼的则是大而圆）

金鱼的繁殖

　　一般来说产卵期的雌鱼肚子较大，雄鱼腹部没什么变化。但是，仔细观察不难发现，雄鱼左右前鳍的前方硬骨刺上有几个小白点儿，尤其是在产卵期较为明显，而雌鱼绝对没有。

图解繁殖与培育

　　另外在产卵期雄鱼总是追着咬雌鱼的屁屁，这是快产卵啦，应该将这一对鱼单独放在一个鱼缸内，缸内稍微多放一些水草，以便产的鱼卵可以黏附在水草上，否则鱼卵沉入水底会被鱼儿吃掉。产卵后的雌鱼暂时不要再和任何雄鱼混养，让它充分好好休息调养，以保护雌鱼。

　　把黏有鱼卵的水草放置在有水的鱼缸内（最好是瓦缸），放在阳光能照射到的地方，一个月左右就会孵出小鱼。

小知识——金鱼的雌雄鉴别

◆金鱼品种之一鹅头红

　　体形的差别：雄性金鱼一般体形略长，雌性金鱼身体较短且圆。怀卵期雌鱼较雄鱼腹部膨大。

　　尾柄的差别：雄鱼比雌鱼略粗壮。

　　胸鳍的差别：细心观察可发现，雄鱼稍尖长，胸鳍第一根鳍刺较粗硬；雌鱼呈短圆形，胸鳍第一根鳍刺不太硬。

　　生殖器的差别：由肚皮向上看，雄鱼生殖器小而狭长，呈凹形；雌鱼生殖器大而略圆，向外凸起。

　　色泽的区别：雄鱼一般颜色鲜艳，而雌鱼略淡一些，在繁殖发育期，雄鱼体色更为鲜艳。

　　手感与动感：用手轻托鱼的腹部，中指和无名指感触到雄鱼腹部有一条明显的硬线，雌鱼则腹部较软。走过鱼池边时，猛踏脚观察，雄鱼游动速度快而且敏捷，雌鱼动作则慢一些。

　　追星：随着气温的升高，金鱼在产卵期会出现第二特征——追星，这是辨别金鱼性别最容易、最准的时候，也是最容易掌握的一种辨别方法。雄鱼的追星出现在胸鳍第一根刺和鳃盖边缘，多时整个胸鳍每个鳍条上都长有追星，前端的明显，后面的要细心才可以观察到。这种粗糙的小白点就是追星。

　　运用以上辨别方法，还必须依靠多年饲养的经验和平时细心观察，才能准确辨别金鱼的雌雄。

人类的亲密朋友——宠物的繁殖和培育

我最长寿——乌龟

◆玄武：古代由龟和蛇组合成的一种灵物。玄武的本意就是玄冥，玄冥起初是对龟卜的形容，龟卜就是请龟到冥间去诣问祖先，将答案带回来，以卜兆的形式显给世人。

中国古代，龟被看做祥瑞之物，它跟龙、凤、麟三者并称"四灵"或"四神"。在所谓的"四灵"之中，龙、凤、麟都非现实存在的神话动物，而龟却是其中唯一现实存在的爬行动物，它性耐饥渴，寿命很长，被认为是介虫之长。中华民族的龟崇拜，源远流长，由此积淀而成的龟文化蔚为壮观。古人认为，乌龟的背甲是隆起的圆形，象天，腹甲是方的，象地。而乌龟的脚就象征着支撑天的四根柱子。《淮南子》上载女娲炼石补天时，"断鳌足以立四极"。高诱注："鳌，龟也，天废顿以鳌足柱之。"这实际上说乌龟就是一个小宇宙，是缩小了的天地。

图解繁殖与培育

知识储备

乌龟俗称草龟，是我国龟类中分布最广，数量最多的一种。身体长椭圆形，背甲稍隆起，有 3 条纵棱，脊棱明显。头顶黑橄榄色，前部皮肤光滑，后部被细鳞。腹甲平坦，后端具缺刻。颈部、四肢及裸露皮肤部分为灰黑色或黑橄榄色。

◆乌龟

雄性体型较小，尾长，有臭味。雌性背甲由浅褐色到深褐色，腹甲棕黑色，尾较短，体无异味。

图解繁殖与培育

知识库——乌龟的习性

◆乌龟

乌龟属半水栖、半陆栖性爬行动物。主要栖息于江河、湖泊、水库、池塘及其他水域。白天多陷居水中，夏日炎热时，便成群地寻找荫凉处。性情温和，相互间无咬斗。遇到敌害或受惊吓时，便把头、四肢和尾缩入壳内。

乌龟是杂食性动物，以动物的昆虫、蠕虫、小鱼、虾、螺、蚌，植物的嫩叶、浮萍、瓜皮、麦粒、稻谷、杂草种子等为食。耐饥饿能力强，数月不食也不致饿死。

乌龟为变温动物。水温降到10℃以下时，即静卧水底淤泥或有覆盖物的松土中冬眠。冬眠期一般从1月到4月初，当水温上升到15℃时，出穴活动，水温18℃～20℃开始摄食。

乌龟的饲养管理

水质　常换水对乌龟很重要，最好每天换水，沙子也需清洗。或者买过滤系统，一周换一次。新换的水不可太凉，不然他们会得很多病。

食物　乌龟是杂食性动物，年轻时爱吃肉，可喂小鱼、小虾、猪肝、红虫、蟑螂等。年纪大爱吃素，它们会啃水草，可喂些洗干净的蔬菜。也可喂龟粮。优质龟粮富含钙、蛋白质、纤维、脂肪、维生素 A、B12、C、D3、E 等，富有营养但不太好吃。喂食要适量，乌龟太小喂太大的虾时要帮它切碎等它们吃完把吃剩的食物捞出来。

晒太阳　温暖的时候可以把乌龟放在太阳下晒15分钟左右。注意不可

暴晒！上午九十点，下午三四点钟的阳光最佳。常晒太阳可以补钙，还可以杀死龟壳缝隙里的细菌。

冬眠　冬眠对乌龟很重要。温度低于12℃它们开始冬眠。在北方大概是10月底开始到来年3月。新生龟第一年最好不冬眠，体弱有病的龟最好不冬眠。

小知识——为乌龟冬眠做好准备

贴膘清肠胃　9月就开始给它们补充营养，贴膘。冬眠前两周左右开始停止喂食，最后三四天泡温水排便，清空肠道。不然食物留在肠子里会发酵导致胃壁肠道破裂、死亡。

冬眠盒的布置　用大个儿的塑料储物箱，放上厚厚的泥土。它们自己会钻进去。隔几天给泥土喷些水保持湿润。10℃～13℃是最佳冬眠温度。不要把它放在露天，低于

◆被埋在沙子里那么长时间，看到外面的世界让小海龟非常兴奋

8℃会冻死乌龟。放在阳台的角落最佳，让温度慢慢下降，不要让它们突然就感觉到寒冷了。

随时观察它们的情况　不要忘记它们哦！等天暖后，将龟拿出来放回原先的住处，三天内不要喂它们食物，第四五天再开始喂。它们肯定瘦了，多给它们吃的，好好补一补，尽快恢复。顺利冬眠的龟才好生小宝宝。

乌龟的繁殖习性

雌雄鉴别　雄龟个体较小，雌龟个体较大。更为可靠和准确的鉴别方法是：在乌龟繁殖季节，抓住成龟，当它的四肢和头尾皆欲缩入壳内时，用手指使劲按住它的头及四肢，不让它有时间呼吸，此时乌龟泄殖孔内即排出副膀胱水，然后生殖器慢慢外突，若只向外突出纵列的皱纹内壁者为

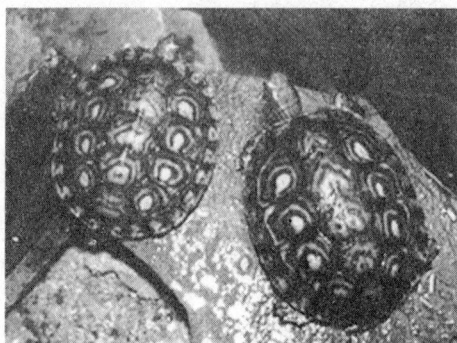

◆左边雌龟体型较圆，右边雄龟较长

图解繁殖与培育

◆左边雄龟的尾巴远大于右边雌龟的尾巴

雌龟；如有一充血膨大呈褐紫色的交接器外突者则为雄龟，如果在交配季节，雄龟还会有乳白色的精液排出。

性成熟年龄 自然条件下 5 龄以上的乌龟性腺开始成熟，7 龄成熟良好。从体重看，一般雄龟 150 克，雌龟 250 克性开始成熟。

交配受精 每年的 4～5 月，当月亮刚上树梢时，在塘埂湖边，便可见到乌龟在相互追逐。有时一只雌龟后面跟着 1～3 只雄龟。起初，雌龟不理睬，随着时间的推移，力大、灵活的雄龟便腾起前身扑到雌龟背上，用前肢抓住雌龟背部两侧，后肢立地进行交配。如在水中，则雌、雄龟上下翻滚，完成交配。

产卵期 热带地区乌龟可全年产卵，我国长江流域一般 4 月底开始产卵至 8 月底，5～7 月为产卵高峰期。一年中雌龟可产卵 3～4 次（窝），每次间隔 10～30 天，每次产卵 5～10 个，最少的 1 个，最多的 16 个。水温、气温 27℃～31℃最佳，超过 35℃，则停止产卵。

产卵习性 乌龟的产卵过程可分为四个阶段：第一阶段选择穴位。到处爬行，以选择土质疏松有利于预防敌害的树根旁或杂草中。第二阶段挖穴。卵穴口径约 3～4 厘米，穴身稍有倾斜，深约 8～9 厘米。第三阶段产卵。把卵产在穴中，每产完一个卵，即用后肢在穴内排好。每间隔 2～5 分钟产一个，产完一批卵需要 30 分钟左右。第四阶段盖穴。用两后肢轮番作业，把穴外的泥土一点一点地扒往穴内，且每放一次土，就用后肢压一下。把土盖满卵穴时，再用整个身体后半部腹板用力压实。整个生殖过程约需 8 小时，其打穴、产卵、盖穴时间比

例约为 6：1：3。

胚胎发育 卵产下约 30 小时，壳上方有一白点，即为受精卵。产后 30 天，受精卵变成浅紫红色，70 天后，卵壳变黑。整个孵化需 80～90 天稚龟才能出壳。

小知识——乌龟和甲鱼的区别

◆乌龟

◆甲鱼

最简单的区别方法是：

1. 乌龟头比较圆；甲鱼（又名老鳖）头比较尖。

2. 乌龟是硬壳的；甲鱼壳比较软，壳面较光滑。

3. 乌龟背上分块有花纹；甲鱼背黑无花纹。

4. 乌龟不会咬人，用树枝之类的东西碰乌龟，它会把头缩进去；而甲鱼会咬人，用树枝之类的东西碰甲鱼，它会把树枝死死咬住不放。

乌龟的养殖

稚龟的养殖 刚出壳的稚龟，抗病力不强，为了提高其抗疾病能力，可用 10% 生理盐水或用 1ppm 的高锰酸钾水消毒，消毒期间不喂食，3 天后可喂熟蛋黄、蛋白，也可喂些熟畜禽血，7 天后移进暂养池。暂养池一般为 5～10 平方米的长方形水泥池，其中水面占 2/3，放养前需用 10% 生石灰消毒，放养密度 100 只/每平方米左右。放养后第 4 天开始投食，食台可用木板或竹筏漂在水上，食台一般占总面积的 1/10 左右。投喂的饲料一

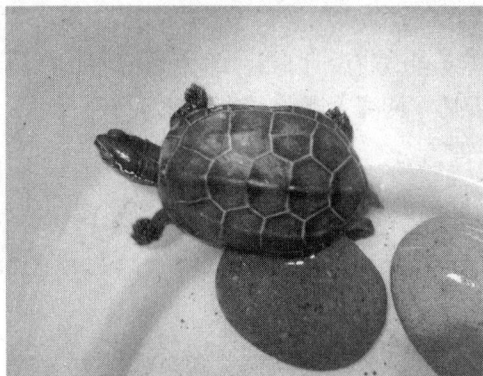

◆乌龟

般要精细，如熟禽蛋、面条、米饭、豆渣、碎鱼虾肉等。当年出壳的稚龟越冬时可移到室内，室内放一只木盘，盘内均匀地洒 0.5 厘米厚的细沙，沙上用纱布遮盖，适量喷些温水就能安全越冬。

成龟的养殖　龟池一般为土池，水深 1～1.5 米，池堤坡度 1∶3，池内设进出水口，放部分水浮萍或水花生遮荫，四周砌 0.5 米高的围墙，墙内留 11.5 米的小岛，岛上放沙供龟产卵；若是水泥池，池深 1～1.5 米，水深 0.8 米左右，放泥 20 厘米，池内设进出口，池中留 11.5 米的小岛，岛上四周长草，中间放沙供龟栖息产卵。土池、水泥池的放养密度均不宜太大，一般 10 只/每平方米左右。

　知　识　窗

龟缸怎样放置最安全？

　　家中若还养了猫狗等，要给龟缸加铁丝网。龟缸要高到它们爬不出来（即使踩在缸中的石头陆地上也爬不出来）。还要注意别让它们摔下来，尤其是在阳台养龟的朋友千万别让它们爬出来掉到楼下！

　小知识——什么样的龟缸最佳？

　　龟缸越自然越好。有水有陆，水深为龟壳厚度的 3 倍最佳。水底可铺沙子和雨花石，种几株水草，再养几尾小鱼，再弄一个陆地。普通龟缸就摆一块大石头。放在阳光可照到的地方，天冷温度低时买加热棒，温度 25℃ 为宜。

乌龟最佳饲料配方

在养龟的生产过程中，有的用单一的动物性或植物性饲料进行饲喂，这样做是不科学的，时间长了龟会陆续出现问题。实践证明，龟类与其他畜禽一样，喂配合饲料才符合其机体正常生长发育及繁殖的需要。目前大多数养龟者仍以甲鱼（鳖）饲料代替。为了解决这个问题，最近浙江省海宁市龙头阁两栖爬行动物研究所研制出两个最佳饲料配方：

◆室内龟窝

配方一：鱼粉38％，豆饼12％，花生饼10％，菜籽饼5％，玉米面10％，面粉20％，骨粉3％，赖氨酸1％，多种维生素1％。此配方饲料粗蛋白质含量为42％。

配方二：鱼粉20％，豆粉15％，蚕蛹粉10％，花生饼15％，玉米面15％，面粉20％，骨粉3％，赖氨酸1％，多种维生素1％。此配方饲料粗蛋白质含量为35％。

知识达人：龟壳溃烂的简单治疗法

龟类在饲养或运输过程中，有可能造成背腹甲表面盾片、骨板溃烂，处理不好时，严重的会导致肌肉外露甚至死亡。病因主要是在运输途中碰撞或存放不当，甲壳表面受伤、饲养时水的硬度比原生活环境中水的硬度大，导致细菌感染。

巴西红耳龟因其头顶后部两侧有两条红色粗条纹，故得名。红耳龟在市面上更经常被叫做巴西龟，大多数种类产于巴西，个别种产于美国的密西西比河。

图解繁殖与培育

防治的方法：在宠物店选购时注意观察，龟甲有碰伤的不要购买。在家中饲养时，对水质要求高的龟类需用水质软化剂，或者用凉开水饲养，注意水质管理，保持水质清洁，并给龟设置一块陆地。

如果发现龟甲溃烂，要及时处理，溃烂较浅的，可用双氧水清洁伤口，将坏死的组织小心剔除，然后用高锰酸钾粉撒在伤处。如果溃烂情况较严重，伤口较深，肌肉外露情况严重，就不要用双氧水清洁伤口，以免龟的痛苦加大。可用10%的盐水清洁，然后用雷氟诺尔涂在伤处，每天清洁伤口并换药一次。治疗期间除喂食时龟在水中，其余时间均需旱养，以促进伤口痊愈。

乌龟常见病及防治

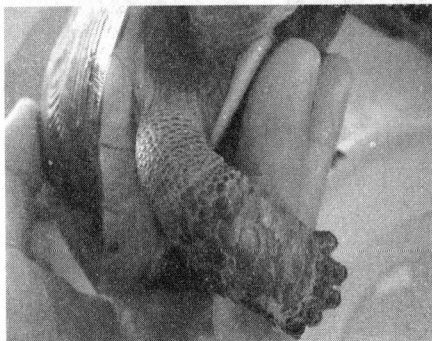

◆乌龟腐皮病

◆乌龟白眼病

腐皮病　肉眼可见病龟的患部溃烂，表皮发白。因饲养密度较大，龟互相撕咬，病菌侵入后，引起受伤部位皮肤组织坏死。水质污染也易引起龟患病。防治方法：首先清除患处的病灶，用金霉素药膏涂抹，每天1次。若龟自己进食，可在食物中添加土霉素粉；若龟已停食，可用金霉素涂抹然后将病龟隔离喂养。切忌放水饲养，以免加重病情，龟恢复后再入池饲养。

白眼病　龟眼睛变白，睁不开眼。病龟常用前肢擦眼部，行动迟缓，严重者停食，最后因体弱并发其他病症而衰竭死亡。在刚开春的时候，尤为多见。大多是由于水质恶化或水质碱性过大而引起。该病多见于红耳龟、乌龟，且以幼龟发病率较高。春季为流行期。防治方法：对病症较轻，眼睛还能勉强睁开的龟，可用呋喃西林或呋喃酮溶液浸泡，药液浓度为 30 毫克/升。浸泡 40 分钟。连续浸泡 5 天。对病情严重而且眼睛不能睁开的，首先将眼内的白色物、白色坏死表皮清除干净，若出血应继续清理，然后将龟浸泡于有维生素 B、土霉素药液的溶液中，每 500 克水中放 0.5 片土霉素、两片维生素 B。平时加强水的管理，注意清洁卫生和及时清除剩饵，同时要适当控制饲养的密度。

天生的角斗士——蟋蟀

图解繁殖与培育

蟋蟀俗称蛐蛐，许多小朋友都玩过，特别是在农村长大的人们，几乎都玩过蛐蛐。或许小小蟋蟀格斗起来，那种经得起创伤，忍得住伤痛，顽强拼搏的精神，那种"将军战死在疆场，凛冽不屈壮志酬"的气概，以及胜利者发出的"嘟、嘟……"的凯旋之声所具有的独特魅力，是饲养蟋蟀在我国长兴不衰的主要原因。有人说，"斗蟋蟀"其实是一门国粹，就如同西班牙人的斗牛。2000多年前，这项古老游戏就已经风行，名列花鸟鱼虫四大雅戏之中。

知识储备

◆蟋蟀

蟋蟀亦称"促织"、"趋织"、"吟蛩"、"蛐蛐儿"。触角比体躯为长。雌性的产卵管裸出。雄性善鸣，好斗。雄虫前翅上有发音器，由翅脉上的刮片、摩擦脉和发音镜组成。前翅举起，左右摩擦，从而震动发音镜，发出音调。雌虫则默不做声，是个哑巴，俗称"三尾子"。蟋蟀种类很多，最

普通的为中华蟋蟀，体长约 20 毫米。年生一代。因均在地下活动，啃食植物茎叶、种实和根部，都是农业害虫。

蟋蟀的生活

　　常见的蟋蟀（如北京油葫芦）每年发生一代，以卵在土中越冬。卵单产，产在杂草多而向阳的田埂、坟地、草堆边缘的土中。越冬卵于 10 月产下，第二年 4—5 月孵化为若虫。若虫蜕皮 6 次（即 6 个龄期），每次 3～4 天，共需 20～25 天羽化为成虫。成虫寿命 141～151 天。雄虫筑土穴与雌虫同居。喜栖息于荫凉、土质疏松、较湿的环境中。

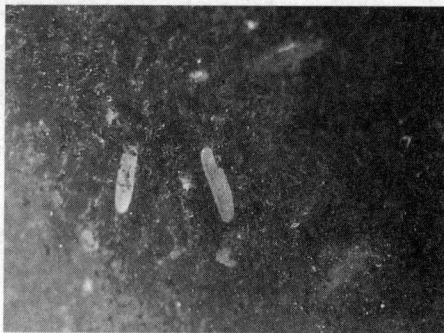

◆蟋蟀卵放大

打斗型蟋蟀的培育

　　自行捕捉　打斗型蟋蟀的来源，除少数是从市场上购得外，大多都是由饲养者自行捕捉。捕捉一般都在夜间进行，地点应选郊外人迹稀少、多草而较湿润的荒地，最好要有 2～3 人结伙同往，带上手电筒、兜捕网、暂时存放蟋蟀的纸筒或小竹笼。出发前，应先穿上高筒或半筒的胶鞋，以防止草地有蛇或毒虫叮咬。

◆蟋蟀打斗

　　到达目的地后，可停下来休息片刻，目的是停下来静静地聆听周围鸣虫的叫声，先要区别哪种叫声是蟋蟀的叫声，然后要辨别各处蟋蟀的叫声中哪种叫声是善于打斗的优质蟋蟀的鸣声。

◆斗蟋蟀

从鸣声中如何辨别出不同等级呢？声音微弱、轻飘而刺耳的属次等品；鸣声虽较响亮，但不够凝重，属中等品；鸣声圆润凝重有力，似钟声，则是上乘品种，就是捕虫者所需要捕捉的对象。

刚刚捕捉回来的蟋蟀有较强的野性，它在笼内不肯安定片刻，常常是不停地满笼乱蹦乱跑，这时需要用带有丝毛的草在它的顶上微微碰触几次，使它慢慢安静下来。

人工繁育　人工繁殖蟋蟀的目的是为了获得体大、善斗的上品蟋蟀，所以挑选留种的雌、雄蟋蟀很重要。

挑选雄虫要求应该都是将军虫，一般避免用斗败的蟋蟀留种。

选择雌性三尾应体大，产的卵也大，以后孵出的幼体个头也大。三尾在早秋季节就要收养，此时三尾刚刚羽化，在野外交配次数不多，有些还是原雌。如果在中晚秋捕捉，三尾在野外已交配多次，大腹便便，腹内的种气已经混杂，不能达到培育良种的要求。早秋捕得型大的三尾，也要精选出头大、脸长、斗丝贯顶、项宽、体型丰厚、翅长、六爪白净、肉身细洁、色不浑的，以供育种之用。

图解繁殖与培育

知识链接

蟋蟀为什么好斗?

因为蟋蟀生性孤僻，一般的情况都是独立生活，绝不允许和别的蟋蟀住一起（雄虫在交配时期也和另一个雌虫居住在一起），因此，它们彼此之间不能容忍，一旦碰到一起，就会咬斗起来。

知识链接

蟋蟀的"耳朵"长在哪里？

蟋蟀长有"耳朵"——听器，可分辨同伴发出的声音，但"耳朵"不长在头上，而是长在大前脚的胫节（小腿）上，上面有薄膜，可感觉声音的振动。

蟋蟀的配对

最好选用同色虫　配对的雌雄蟋蟀最好选用同色虫。如头、斗丝及虫体颜色等要相同或相似，这样孵化出来的后代颜色比较纯，便于精选定色。

配种时间　配种的雄蟋蟀一定要养到可以出斗前后，最好在秋分节后进行正式配种，此时的蟋蟀是健壮时期。配种后所产的卵得到的后代也最强壮，种也纯。雌雄蟋蟀

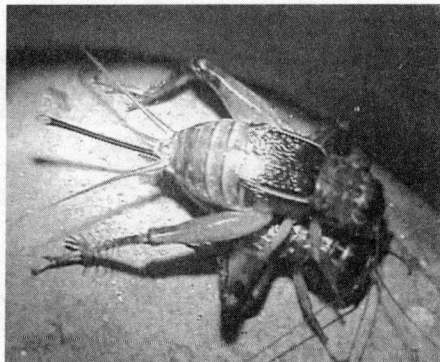

◆蟋蟀交配

配种（结铃）最好3～5次，这样可以确保产出的卵完全受精。

蟋蟀的产卵保存

结铃后的三尾，一定要找个地方产卵。因此结铃前必须先准备好产卵的工具。

取一只直径30厘米左右的瓦盆，洗净后在日光下暴晒消毒；取黄沙适量洗净，在炉上炒干消毒；取园土适量，搅碎晒干；沙、土按1：5加水适量拌和，以不见干土为宜，不能过湿。铺入瓦盆约7～8厘米厚。将要产卵的三尾养入，它便会在土中产卵。也可用吸水性好的卫生纸或餐巾纸卷成直径二分硬币一样粗的纸条，围在盆的四周滴水使纸湿透，这样三尾也会

图解繁殖与培育

图
解
繁
殖
与
培
育

◆图中就是母蟋蟀在产卵　右上角是产下的卵中的一批

◆蟋蟀孵化容器

◆蟋蟀蜕皮

在纸卷内产卵。一头雌蟋蟀一生中产卵约 200 粒，孵出的若虫中雄性的约占三分之一，其余都是雌性。而若虫要养到 4 龄以上才能辨出雌雄，这给人工孵化饲养蟋蟀加大了工作量。把三尾产出的卵轻轻取出，用放大镜细心观察，可以发现卵的形状略有不同。一种卵的形状两头比较尖，而且数量不多；另一种卵两头比较圆，比前一种卵略短略粗，数量远比两头略尖的卵为多。

实践证明两头尖的卵多数是雄虫，而两头较圆、略粗略短的卵是雌虫。在孵育前将卵从土中挑出，根据需要进行选择。不管是选雌性卵还是雄性卵，一定要选卵粒饱满，色泽均匀，卵粒大，长约 2 毫米以上。在自然环境中，一般在 5 月中下旬或 6 月初，若虫便破壳而出。但是人工收集的虫卵放置在室内，比室外温度要高，所以卵的孵化时间要比室外略有提前。如果不想使卵过早孵化，可以将盛卵的容器搬到室外，放置在阴凉潮湿的地方，使卵和自然环境温度保持一致，若虫出土的时间就不会提前了。但是要注意，有卵的土质要保持一定的湿度，不能让土太干，否则卵易

死亡。当然土也不能过湿，以湿而不渗水为佳。

蟋蟀的孵化

孵化准备 将卵按要求挑选出来，放置在容器内。容器底部应有泥土。虫卵放入后，再用一层薄土覆盖（土必须碾碎晒干，然后洒少许水）。隔3～5日，应该用水稍稍浇洒一次，使泥土保持一定湿度，可保证虫卵的顺利孵化。浇洒的水应该用清洁的河水或雨水。如果用自来水，必须放置多日再用。

◆蟋蟀雄若虫

孵化温度 蟋蟀的卵在温度25℃～30℃时开始发育孵化。从卵孵化为若虫，一般约需20～25天。在保持一定湿度的前提下，只要给予适合孵化的相应温度，若虫便破卵而出。

养殖场地 若虫孵出后，应有一个良好的生存环境，这对若虫的生长发育很重要。所以在若虫孵化出壳前数日，就要选择一个理想的人工养殖场，并着手做准备工作。

◆蟋蟀产卵器

养殖场的土质一定要好，其一是土质疏松肥沃；其二是没有被有害物质污染过。养殖场地要干爽，排水性好，不易积水，养殖场的四周环境要好，没有化工厂，特别是没有排放废气和含有害物质污水的工厂。选择好场地后，最好翻地一两次，达到松土除害虫的目的。然后添一些有机肥料和青饲料，使土质肥沃且富含腐殖质。然后种上一些不含异味的瓜、豆、麻类的植物，使阳光不能直接射在养殖场的地面上（这里要注意养殖场绝不能选择太阳晒不到的阴处）。如果在场地再放进一些房顶用的陈旧小瓦片、

图解繁殖与培育

◆蟋蟀罐

砖块，若虫就有了更多的藏身栖息之地。一方面更进一步提供了蟋蟀生活的良好环境，同时也可以提高放养的密度。

若虫饲养　若虫在生长发育过程中，须定时投放人工配制的饲料。人工饲料的加工是用当年的新籼米，不淘洗，磨碎，加入适量熟黄豆粉（约是米粉的五分之一），再掺入一些富含钙磷的骨粉、血粉、肝粉、鱼粉等，充分拌匀，放入容器保存，以后拌水煮熟投喂。也可捕捉蝗虫、蚱蜢之类的小昆虫杀死烘干，磨碎以后拌入蔬菜瓜果之类含维生素、纤维素丰富的食物。豆类植物不可生食，其他植物饲料应该生喂，以保证植物的原有营养成分不受损失。

喂养应该采用定点的方法，便于每天清扫，但是要多放几个点，喂食可以早上和晚上各一次，其中以晚上一次最为重要。

蟋蟀若虫处在生长发育的阶段，营养过于丰富虽然会使虫体发胖，但头项部位也会随蜕皮而放大。所以若虫阶段可以不考虑控制食量。但是不控制食量并不是就可以大量投喂脂肪蛋白质含量都比较高的食物。虽然蟋蟀的食性很杂，但是在野生环境里主要还是以素食为主，过多地投喂荤食，有可能会打乱蟋蟀若虫体内激素的分泌，而使蟋蟀的若虫期缩短，提早蜕化成虫。

友情提醒——室内人工养殖

　　如果没有理想的室外养殖场地，室内也可以人工繁育蟋蟀。在室内繁育蟋蟀，可用口径25～30厘米的瓦盆，内放培育土约5厘米厚。培育土配制：选土质良好肥沃的园土，在阳光下晒干消毒，加入一半蚯蚓粪土，用冷开水或清河水拌匀到不见干土，但也不能太湿，土表覆盖5～6片薄的小瓦片，可让若虫藏入其中，以防换食时受惊。最好用陈年的旧瓦片，并用开水煮沸数分钟。刚孵出的

图解繁殖与培育

若虫，每盆约饲养20只，盆口蒙上纱布，再盖上厚纸盖，可防止若虫逃跑。若虫长到约5毫米时，每盆养若虫10只。若虫长到近10毫米时，要分开单独饲养，用口径10厘米的瓦盆，也要铺上培育土和小瓦片，直到羽化成成虫。喂食要比室外养殖场细心周到，一二龄若虫可不用喂水，以米粥加入其他营养品为主，经常投些青饲料。每日傍晚喂食，并清扫食床（放食物的地方）。每日注意吃食情况，如发现食量减退，要找原因，设法改变食谱，喂食一定要多样化。三龄以上若虫可适量喂些水，方法是在2分硬币上滴一滴清水。若虫大了可用水盂喂水。

我很胖，但我很可爱
——宠物猪

◆宠物猪

图
解
繁
殖
与
培
育

现在的宠物可真是越来越另类，居然有"前卫"人士牵着小猪上街溜达。当然，此猪非彼猪，乃憨态可掬、小巧玲珑的宠物"香猪"。有小"麦兜"（香港制造的一个有个性的卡通人物）之称的宠物猪，身长30多厘米，体重5公斤左右，主要来自日本、法国、泰国等地。不同的国家有不同的肤色，日本是黑白斑点、法国的却是金灿灿的金丝毛，也就是人们说的"金猪"。

知识储备

◆宠物猪

香猪又名"迷你猪"，民间美其名曰"七里香"、"十里香"。迷你香猪浑身白色偏粉，头部、背部、尾部是黑色，身体遍布刚毛，也有比较柔软的细毛，尾巴有短毛，幼体有条纹；体型圆胖成水桶状，脖子短，口鼻部突出，鼻尖好像被切断了一样，末端有一块圆盘状的软骨，眼睛小，耳朵长，十分可爱。没有体臭，浑身有股淡淡的

香气。因为个小，一般为七八斤重，大点的十几斤重，人们亲切地称其为"迷你小香猪"。寿命10～15年。

知识库——宠物猪

天性聪明，活泼好动，好奇心强。

很通人性，会认主人，只要主人对它好，它也会以优秀的表现来回报主人。

喜欢和主人一起出去散步。

很爱干净，会固定地方大小便。

杂食性，不挑食，可以吃剩菜剩饭（建议只给一些米饭、稀饭及青菜，不要给它吃荤菜和油腻的东西）。

宠物猪的饲养

建好猪舍 应选择干燥、背风、向阳的地方建造猪舍，可用砖砌墙，水泥抹面，以便冲洗打扫。冬暖夏凉，是养好小香猪的一个重要条件。

强化仔猪管理 饲养好仔猪是提高成活率的关键。一般出生4天后就可补喂精饲料。1月龄后要及时注射猪瘟、猪丹毒、猪肺疫苗。

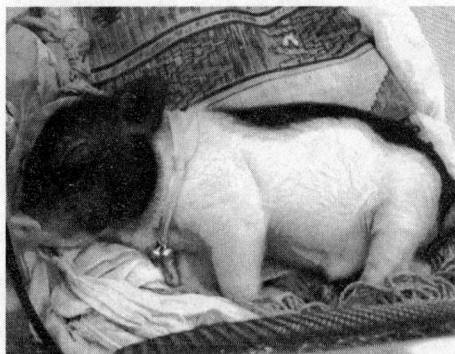

◆宠物猪

科学饲养成猪 小香猪活泼好动，胆子小，怕惊吓，所以要一个安静、干燥、洁净的饲养环境。香猪的饲料以粗料为主，粉碎后的秸秆、花生壳、花生秧、干红薯秧等都可作为主料，菜藤、胡萝卜、嫩草、树叶等都可作为青绿饲料。常用猪饲料有玉米、小麦、稻谷、麦麸、米糠、豆饼、花生饼等。在环境无污染的原产地，香猪表现出耐粗放管理、抗病力强等优点。但仍要特别注意环境卫生，定期清扫圈舍，换洗用具，消毒，

◆养猪不需理由

勤换垫料。严禁给猪饮用污水，或者用污水洗涤青饲料及用具。粪便和废弃物集中堆放处理。

注意预防治病 每天冲洗粪便1次，夏搭凉棚遮阳，冬进暖棚保温，经常刷洗食槽、水槽，定期消毒猪舍；特别要注意防治仔猪副伤寒。

适时出栏 仔猪饲养5～7周龄后应及时出栏。如果出售种猪，则按种猪的规定时间出栏。

宠物猪的繁殖

◆猪猪结婚也发证

小型猪，近交，遗传基因较为稳定，自然繁殖公母猪比例按1：8～10确定，有条件的地方最好采取人工授精方法，提高繁殖率，母猪一般在4—5月龄配种为宜，怀孕115天左右，每年可产崽两窝以上，每窝产仔猪7～12头，成活率达90％以上，尽管小型猪配种采用自然繁殖，而且简便易行，受精率也较高，但仍应选择好种公猪。种公猪一般要求健康、活泼、不厌食，雄性强，具有明显的爬跨行为。同样，种母猪也要求健康、活泼。小型猪110天左右开始发情，发情周期18天左右，持续约4天左右，远比一般猪种早，因此必须适时配种、早繁殖。配种阶段，无论公母猪，除正常饲料外，还应添加一些精饲料，如玉米、豆饼，以满足其营养需要。特别注意的是，小型猪性成熟早，公猪2月龄8公斤左右就会出现爬跨行为，追逐母猪，因此，除留作种猪的公猪外，公猪一般出生5～7天即施行阉割，阉割后的公猪不仅生长快、易成熟，而

且报酬好，效益好。

知识达人：宠物猪饲养应注意的问题

温度要求　香猪因原产于我国西南山区，对温度要求略有不同，在5℃～40℃时均可正常饲养，昼夜温差不应大于10℃，如果温差超过10℃时要采取适当的措施以防感冒。

饲喂要点　宠物猪的饲喂要求并不高，但应注意一定要定量，一般早晚两次便可，食量应该在七八分饱为宜，不能喂的太饱，饮水一般是两到三次，冬天一到两次即可，食物来源广且杂，一般情况下，饼干、动物精饲料、水果、蔬菜都可以，但不能吃太多。

防病防疫　宠物猪作为观赏猪在给您带来欢乐的同时，每年的防疫要求也很简单，春秋季猪瘟、口蹄疫疫苗是必须注射的，其他的一般不计，因其一般都是以家庭为主要活动区域，所以很少生病。

卫生要求　宠物猪是一种很聪明的猪种，并且极爱干净，它是在固定地点排便的，只需在刚抱回家的头几天对它进行引导，它就能记住排便的地点，且一生都不会忘记，洗澡时水温控制在26℃～35℃左右，洗完后立即吹干，防止感冒。

知 识 库

怎样挑选迷你香猪

品种较纯的香猪眉心有明显白斑，黑色部分仅存在于头部和尾部，背部无黑斑。母猪乳头多为5对，少数6对。后躯丰满，四肢短细，前肢姿势端正，后肢多卧系。

你的新宠——变色龙

图
解
繁
殖
与
培
育

◆变色龙

变色龙，学名避役，属于蜥蜴类爬行动物，在恐龙生存时代已经出现，在地球上已有 28 万年历史。"变色龙"之所以得到这个称号，是因为它的体色多变善变。在一昼夜中，它可以变换六七种颜色：夜深时黄白色，黎明时暗绿色，阳光下黝黑发亮，发怒时斑斑点点，在温暖而不透光的环境中身披"绿装"，温度下降一些就变成浅灰色了。它的这一本领可使敌害"视而不见"，以此来保护自己。保护色是许多动物的生存本领，要是没有这种本领，变色龙就不可能度过那古老漫长的爬行动物时代而活到今天。

知识储备

变色龙体长多在 17～25 厘米左右，最长可达 60 厘米，两侧扁平，尾常卷曲，眼凸出，两眼可独立转动。体色变化不同，许多种类能变成绿色、黄色、米色或深棕色，常带浅色或深色斑点。颜色变化决定于环境因素，如光线、温度以及情绪（惊吓、胜利和失败）。它

◆变色龙

们多出现在雨林至热带大草原，有些则在山区，在寒冷的大草原则很罕见，而且绝对栖息于树上，只有普通避役常在地面。另外在求偶期的雄性和要产卵的雌性会到地面。

知识库——变色龙的压迫感

变色龙是极易感到压迫的爬虫品种，使用正确的器材并同时营造出舒适的环境来减少其压迫感是饲养成败的关键。变色龙华丽的色彩往往让所有的饲养者都有上手的冲动，不过当环境出现人或者其他动物时，它们会感到极度的压迫。减少此类压迫是饲养者的首要任务。除了偶尔的"体检"之外，变色龙不应当被频繁上手。

◆变色龙饲养

变色龙是独居动物，性情极端的"孤僻"，一只变色龙最痛恨的事情莫过于碰到另一只变色龙了。倘若将多个变色龙（无论性别）饲养在一起，那会带给它们巨大的压迫感；除非箱子足够大并且能够有效避免个体之间相互撞见，再则饲养者需具备丰富的经验，能及时判断出压迫感的存在并作出调整，否则尝试合养会相当危险。

变色龙的饲养

饲养箱 变色龙应养在大而不能太矮，且有可攀爬的树枝及植物的饲养箱中。对来自热带雨林的品种，适当的通风设置是不可或缺的。但应避免风直接由通气孔吹入，也应避免湿气累积造成湿度太高。让空气经过一盘水再送入饲养箱中，通常对变色龙大有帮助。

温度 来自热带雨林的品种，白天的温度应调在24℃～28℃之间，山区品种则是22℃～25℃，夜间降温是必要的，适当温度是10℃～15℃。还

图解繁殖与培育

需要一盏能释热的光源，因为变色龙喜欢在黎明时分聚在灯下取暖。夏季时，山区品种可置于封闭的室外，其他品种则需照射数小时紫外线，还要补充钙和维生素。

饮水　变色龙的饮水量颇大，在自然界，它们由叶上的雨、露得到充足的水分，所以不会用饮水盘喝水，而在饲养箱中固定洒水在植物上，因蒸发快速之故，对变色龙而言也不够充分，因此自动给水器使用就有必要了。当然也可以用滴管一只一只地喂，这不但能控制变色龙的水分摄取量，还能定期补充钙和维生素。成体每周2～3次便足够，幼体则需要天天

◆变色龙饲养箱

喂食。

◆变色龙

食物　成长中的变色龙和怀孕的雌性需要充足的食物，而且食物种类变化愈多愈好，用多种类的节肢动物即可；较大型品种甚至会吃初生的老鼠，有些品种则喜欢吃树枝上的蜗牛。它们早晚能学会在食物盘中取食，但用喂食筷或手喂食较能控制饮食，初入门的养殖者应留意别让食物单一化，以免营养不良。怀孕或置身于雄体持续求偶的雌体常显得焦虑不安。怀孕的雌体应和雄体隔离以减低焦虑不安。

图解繁殖与培育

TUJIE FANZHI
YU PEIYU

知识达人：饲养变色龙的温度和饮水

变色龙健康的关键在于湿度和供水。变色龙通常不会饮用静止的水体，除非是在相当急切的状态下。它们更多会饮用滴落在植物叶面的水珠。变色龙的供水可采用喷雾系统或者滴水装置。每次喷雾后的5分钟或者更久以后，变色龙才会开始饮水，而且有可能会饮用很长一段时间。如果时间允许的话，每天可喷雾多次，具体的频率要视变色龙的品种而定。

◆马达加斯加小变色龙

滴水无法取代喷雾系统，它只是喷雾的临时替代。通常在白天喷雾后的一段时间里，你没有时间再次喷雾，此时可以用滴水的方式临时替代。

避免使用冰块融化的方式来实现长期滴水（即在箱子顶部放置冰块并使之缓慢融化），因为冰水的温度太低对变色龙的健康不利。

变色龙繁殖

直到最近变色龙才在繁殖上得到显著的成功，尤其高冠变色龙。繁殖高冠变色龙并不是很困难，首先必须确有一雄一雌（或多只雌性变色龙）并已达到性成熟。所谓"性成熟"是指体型已达正常成体大小，高冠最快约5个月便可达到性成熟并可交配繁殖，一般最好能养至10~14个月才开始繁殖较安全。如环境适合，高冠全年也会繁殖。准备交配时应把雌性放至雄性饲养箱内（如雌雄一起饲养则无需，它们在适当时间会自然交配），如雄性有兴趣会走向雌性身旁，如雌性接受交配则不会抗拒，否则它会张口并展示攻击状态，此时应把雌雄分开，过一两星期再尝试。每次交配时间约10~20分钟，它们可能在几天内多次交配。怀孕的雌性变色龙颜色会变成深褐色或黑色，身上现出黄色或橘色斑点，交配后约3~6周便会产

图解繁殖与培育

◆孵化盒中的高冠变色龙卵

蛋，产蛋前必须准备产蛋箱，箱内可放 10～15 厘米深的泥土或沙。一般高冠每次产蛋 30～60 只，每年最多可产 4 次。注意雌性变色龙就算没有交配过也会定期产蛋，但生出的蛋会比正常的较细小、软和偏黄，未受精的蛋约 1～2 周内会发霉变坏。蛋孵化温度应保持 24℃～28℃，湿度 80％，孵化时间一般为 6～8 个月。

刚出生的变色龙一两天后便会开吃，可喂饲初生的小蟋蟀、苍蝇或其他细小的昆虫。食物必须充足，每天最少喂一次。注意幼体对湿度要求很高，否则很容易会缺水或脱皮出现问题。幼体在出生后 2～3 个月内可群养，之后它们可能会互相"压迫"对方，这时候应分开单独饲养。

小知识——变色龙的行为和疾病

能够识别出变色龙的反常行为以及常见疾病的病症是饲养它所必需的技能。以下列出一些反常的行为或者病症，倘若你的变色龙出现任何类似的现象，那你需要格外注意了：

白天睡觉。

眼睛半张开甚至凹陷，爪子无力，抓不紧。

四肢多出一节或者头冠可以移动。

嘴部或者鼻端有泡沫。

图解繁殖与培育

贪吃又可爱——小白鼠

小白鼠俗称小鼠、尖嘴鼠，由于颜色纯白而得名。小白鼠是野生鼷鼠的变种，我国饲养小白鼠历史最早，据记载，公元 307—1641 年就有人捕获野生小鼠进行饲养，并作为古代僧侣们的祭物。据资料介绍，从 18 世纪开始，小鼠开始成为实验动物，也有为观赏饲养的。

知识储备

普通小白鼠体长约 8 厘米，尾略短或略长于体长，面部尖实，耳耸立呈半圆形，眼睛大，嘴尖，嘴前部有长长的触毛，被毛有纯白色和白斑色。喜欢昼伏夜出，性情较温和，一般不会咬人。小白鼠喜安静、光线暗的环境，不宜强光直射。室内空气要新鲜，温度 18℃～20℃，相对湿度 50%～60%。温差大、湿度大都会影响健康。

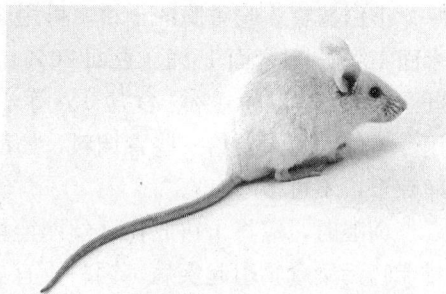

◆小白鼠

小白鼠怕强光，在比较强烈光照下，哺乳母鼠易发生神经紊乱，可能发生吃仔鼠的现象。受到噪音的刺激，也会吃仔鼠。雄鼠好斗，性成熟的雄鼠放在一起，常发生互斗咬伤。雄鼠具有分泌醋酸氨臭气的特征，是造

图解繁殖与培育

成饲养室内特殊臭气的原因。健康小白鼠一般能存活 18 个月至 20 个月，最长的可活至两年半。但年老的小鼠常体弱毛稀，多死于各种疾病，尤以肿瘤为多。

小白鼠的饲养

◆小白鼠饲养笼

养小白鼠，应首先选取体格健壮的种源，其表现如皮毛光泽、眼睛明亮、鼻端潮而凉、反应灵活、眼角和鼻端无分泌物等。一般放在铁皮笼内饲养，饲养时在笼中垫一点灭菌的干草或棉花。注意分开雌雄饲养，主要以观察肛门与生殖器之间距离的远近来鉴定雌雄，距离远为雄性，近为雌性。另外，雌鼠可见阴道口，胸腹部有明显的 10 个乳头；在生殖季节，雄鼠可见睾丸在阴囊中。

小白鼠喜欢吃香脆的干饼，可用面粉 20％、麦麸皮 15％、高粱面或粳米面 10％、玉米面 15％、豆面 20％、豆饼 20％、鱼粉 5％、骨粉 3％、鱼肝油 1％、酵母粉 1％、食盐 1％等，加水和面，烤成饼。并密封保存备用。另外，每天要给一些青饲料，如胡萝卜、黄瓜、青菜等。青饲料要洗净晾干，不可多喂。

饲喂时，应将干饼放在铁丝网篮里，不要直接放入笼中，以免小白鼠排泄物污染食物引起疾病。饲料不宜填塞过紧，并注意检查、调换，勿使霉变。饮水瓶倒放在笼顶上，瓶口用橡皮塞塞紧，通出一根玻璃管，供鼠吸水的一端应用酒精灯烧圆。玻璃管不宜过长，一般在 5～7 厘米左右，否则小白鼠舐管口也吸不出水来。水应煮沸，而且要两三天更换一次，更换的饮水瓶应消毒灭菌。每周应换一次鼠笼，并洗净和消毒，同时检查小白鼠的健康状况。捕捉小鼠时，应轻轻提执从耳后至背部的皮肤。

知识链接

如何选购饲养笼

1. 小白鼠的牙齿坚硬，笼子必须是金属的。
2. 栏杆的空隙要小，以免小白鼠钻出笼外。
3. 除了喂食器和喂水器外，最好也放进转轮让小白鼠运动。
4. 抽屉式的底盘以方便打扫。

小知识——饲养小白鼠注意事项

环境卫生　经常清理粪便保持干净。

保暖工作　冬天时多给予干净的布条。

供给磨牙　由于小白鼠是啮齿动物，要用门牙来切开坚硬的东西，如果不经常啃磨，门牙会越来越长，所以要在笼里放一小块木板方便磨牙。

清洁工作　小白鼠在笼内滚来滚去，白毛很容易弄脏，这时就要帮它们洗澡，可以选择晴天的中午用自来水冲洗。洗完澡后，再让它们晒晒太阳，你会发现洗过澡后的小白鼠更加可爱！

小白鼠的繁殖

种鼠选择　亲代应具有较高生殖能力，如雌雄长期同居时，两胎生产的间隔不得超过30天，每胎产崽8只以上，并具有良好的泌乳能力和对周围环境较高的适应能力。要求仔鼠生长发育快，体型大，一般从第2～4胎生下的仔鼠中选留幼种。

性成熟与配种　小白鼠

◆小白鼠幼鼠

图解繁殖与培育

◆小白鼠幼鼠

发育迅速，性成熟早，一般在60～90日龄（即2～3个月）性成熟。小白鼠性成熟的标志是母鼠阴道打开，出现求偶现象，有交配的欲望，乐意接近公鼠。公鼠睾丸下降，精子生成。同时形态和机能也发生一些相应的变化。此时小白鼠体重增长缓慢，是适宜配种年龄，可以根据不同季节、天气冷热、个体情况等，采用适当日龄进行配种繁殖。

发情　性成熟的雌鼠一年四季都有性的活动，呈周期性发情。性周期为4～5天，产后12～24小时内还有一次产后发情排卵。由于授乳的原因，性周期受到抑制，仔鼠断乳2～6天后，又开始出现下一个性周期。雌性小白鼠排卵期为3～4天，但在排卵期数小时内才允许公鼠交配，其他时间则蜷伏于巢内或沿鼠罐爬行。

妊娠与分娩　小白鼠的妊娠期，因品种不同而有差异。纯系小白鼠妊娠期一般19～20天，国内普通小白鼠妊娠期一般18～21天。小白鼠分娩可昼夜进行，但以晚间为多。临产前表现不安，常不停地整理产窝。分娩过程中，4分钟左右子宫收缩一次，产出一只。胎盘产出后，母鼠将胎盘嚼食。整个分娩过程一般需要一小时左右。分娩后约经12～24小时会出现产后发情，此时若与公鼠交配，亦能受孕。

哺乳　正常情况下，适龄母鼠每胎产崽8～13只。仔鼠哺乳期一般18～21天，种用仔鼠，哺乳可延长到23天，但不超过25天。过于延长哺乳时间，影响母鼠健康和发情。

小贴士——怎样选小白鼠

眼神清澈。
毛皮光亮而清洁。
行动警觉而活跃。
排泄物坚硬而非流水物似的。
最好买幼小的。

宠物也生病——宠物医院

宠物医院是专门为宠物提供医疗服务的（医院）场所。有时宠物医院又等同于动物医院。而今，有些宠物医院规模宏大，功能齐全，科室布局合理，甚至有的医院设有二十几个科室，形成集宠物医疗、预防、美容寄养、食品用品、娱乐休闲为一体的大型连锁宠物医院。

宠物医院的成立条件

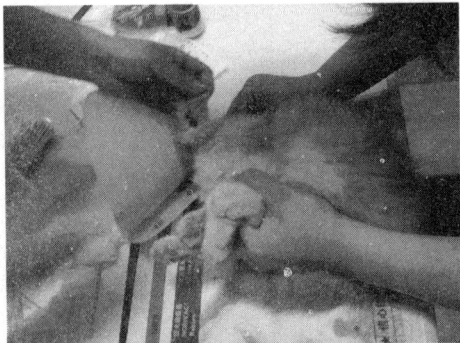

◆给宠物掏耳朵

《中华人民共和国动物防疫法》规定：设立从事动物诊疗活动的机构，应当向县级以上地方人民政府兽医主管部门申请动物诊疗许可证。国家实行执业兽医资格考试制度。具有兽医相关专业大学专科以上学历，经考试合格的，方可获得执业兽医资格证书。从事动物诊疗的，还应向当地县级以上地方人民政府兽医主管部门申请注册。

获得动物诊疗许可证和动物防疫合格证以后，宠物医院或者宠物诊所只需要申请办理一些诸如工商营业执照等常规经营执照和手续，就可以营

业了。

宠物医院必需证件

动物诊疗许可证
动物防疫合格证
工商营业执照

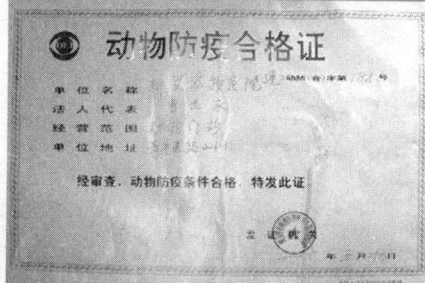

宠物医院设施要求

人员要求

1. 如果在乡镇从事动物诊疗活动的，应有一名以上具有中专或相当于中专以上兽医专业学历或取得助理兽医师以上职称的兽医人员；在县城以上从事动物诊疗活动的，应有两名以上具有大专以上兽医专业学历或取得兽医师以上职称的兽医人员。

2. 熟悉并遵守动物防疫法、兽药管理、动物诊疗等有关法律、法规、规章，具有良好的社会公德和职业道德。

3. 身体健康，无人畜共患传染病，无色盲。

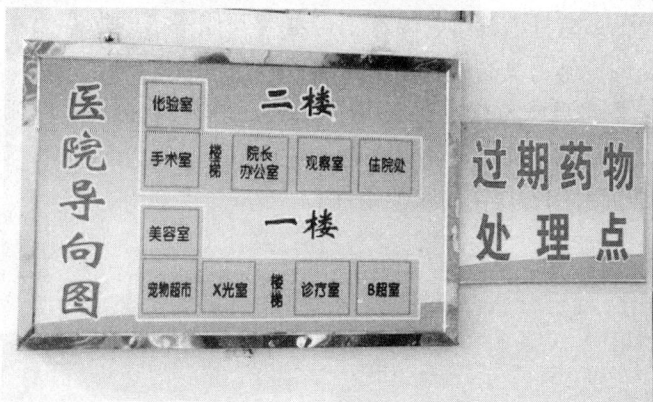

◆某宠物医院科室介绍

图
解
繁
殖
与
培
育

场所条件要求

1. 符合《动物防疫条件审核管理办法》规定的动物防疫条件。

2. 诊疗场所出入口应当距离居民楼院、幼儿园、学校、超市、农贸市场等人流密集区出入口 15 米以上，并不得与同一建筑物的其他用户共用通道。

3. 不得在居民小区、机关、企事业单位等场所的内院从事动物诊疗活动。

4. 不得对水资源造成污染。

◆宠物医院内部

设施设备要求

1. 在乡镇从事动物诊疗活动需具有与诊疗业务量相适应的诊疗场所；配置药品柜、冰箱、消毒器械和其他基本诊疗器械；配备相适应的无害化处理设施；

2. 在县城以上城市从事动物诊疗活动的需具有与诊疗业务量相适应的诊疗场所，拥有独立的门诊室、手术室、药房、检验室和患病动物隔离室（箱）；配置药品柜、器械柜、冰箱、显微镜、高压灭菌设备、紫外消毒灯、喷雾消毒器等其他基本诊疗器械；配备相应的无害化处理设施；具有相应的防止噪音设施和隔音的硬件设施。

3. 内部制度要求按规定建立病历、处方、用药、消毒、疫情报告、医疗废弃物以及动物尸体无害化处理等制度和档案。

4. 符合国家和省规定的其他条件。

我也爱美——宠物美容

美容不就是给猫狗洗澡么？想想十多年前，当你幸运地拥有了一条狗，却难以在市场上寻觅到相应的洗护用品，以至宠物有了皮肤疾病还得去人的医院配药水治疗；再来看看现在，各大超市货架上陈列的宠物专用洗护用品琳琅满目，这变化有多大！十多年前这类东西还是要请人从境外带入，或者只是少数宠物消费价位奇高的宠物店里的奢侈品哟。

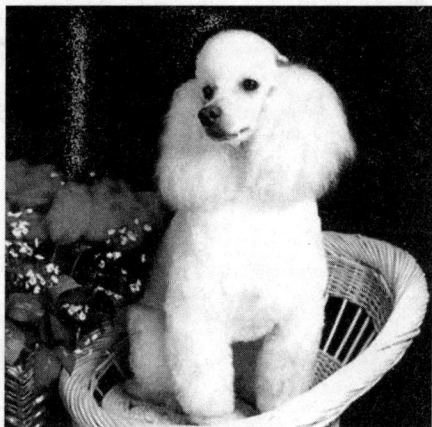

◆美容后的狗狗

实际上，由于人们生活水平的提高和宠物文化理念的提升，更高一个层次的宠物美容消费需求正悄然在相当一部分固定的人群中成为必需。

宠物也美容

美容可以保持宠物清洁卫生，维持宠物健康。美容时，美容师会检查宠物的皮毛有没有大量脱落，有没有皮肤病、红肿、生疮，宠物是否营养不良。还会检查宠物的耳朵和眼睛是否发炎、趾甲是否长入肉中、肛门有无发炎等等。总之，宠物美容可以加强宠物的健康。

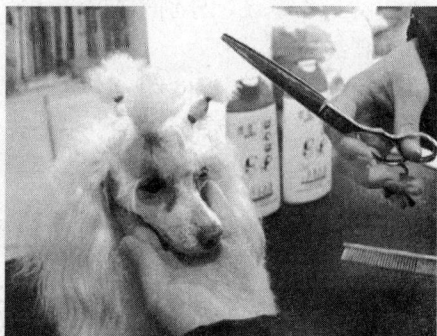

除了健康理由外，宠物美容也

◆给狗狗美容

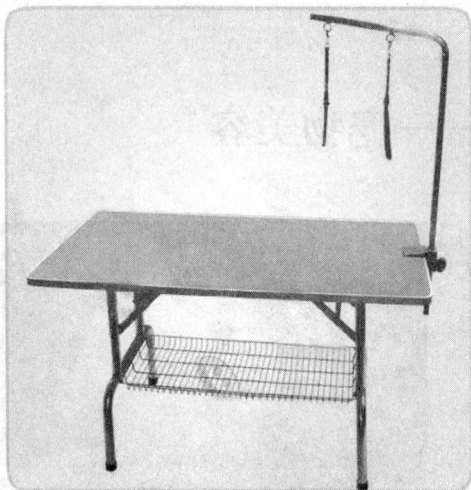

是一种时尚潮流，美容技巧配合修剪技术可以把您家宠物的优点表露出来，也可根据个人爱好和地区的不同，给宠物做出不同造型，使您的宝贝儿更容易打理，突出它可爱的一面。宠物会因为它外表的改变而更有自信心，更让人喜欢。

◆宠物美容台

图解繁殖与培育

宠物美容师

宠物美容师，是指能够使用工具及辅助设备，对各类宠物（可家养的动物）进行毛发、羽毛、趾爪等清洗、修剪、造型、染色，使其外观得到美化和保护，同时具备宠物不良行为规范技能的人员。本职业共设三个等级，分别为初级、中级、高级。

初级相当于"小工"，要学会宠物的简单修剪及护理技术，如会正确地梳毛、洗澡等，熟知宠物健康护理用的产品知识，并具有基础的饲养常识及简单疾病防治常识。

◆美容师和长发美狗

中级要求美容师能独立完成宠物的造型修剪技术，并具有宠物行业基础经营技能，还要对国内外宠物行业的发展有深刻了解。

高级美容师是具备赛级修剪技术的高级人才，不仅对纯种犬标准、繁殖技术有相当造诣，还要通晓国内流行犬种的赛级造型修剪技术并能牵犬比赛。

特级人才是指在具备相当高的美容技术基础上，在遗传学、繁殖学、营养学、教育学、美容造型发展及宠物品种鉴定与评审等诸多方面具备专家水平。

大师级则是在特级的基础上，具有组织资源进行宠物技术培训及开展与之相关活动的能力，并编制教材及制定相关行业标准。

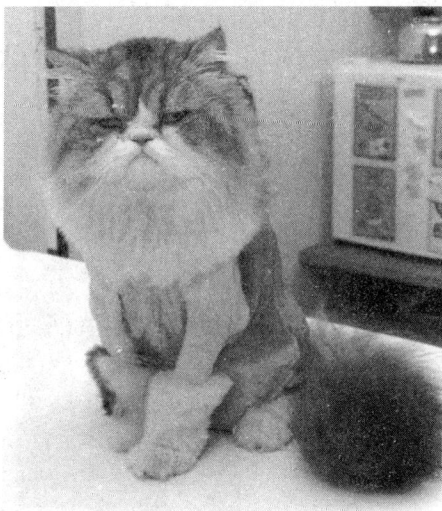

◆猫咪变"狮子"

小知识——宠物美容在国外

宠物美容在国外以及我国香港、台湾地区都发展得比较好，台湾比香港还要早一点。现在香港的宠物美容发展很快，因为香港人容易接受新事物，爱追赶潮流，因而容易很快吸收新的美容技术及资讯；而且香港人对宠物的饲养比较开放，愿意在宠物身上投资，对宠物的照顾也很好。

宠物美容包括哪些服务

所谓的宠物美容，不只是替猫儿狗儿洗澡而已，而是借着顶级的美发用品，和精湛的修剪技法，为它们遮掩体型缺失，增添美感。专业的宠物美容院，应该设有固定的美容用沐浴池和美容操作台。相关用具要严格消毒，尤其是有皮肤病的宠物来做美容的，消毒程序就更要严格具体了。

图解繁殖与培育

狗狗美容的基本步骤

◆工作人员把洗完澡的狗狗抱出来

通常情况下，宠物美容师会按主人的要求对宠物进行修剪造型，有些不提具体要求的，则会参照季节和流行的标准来执行。

刷理　是用刷子为爱犬刷理披毛，这可以刷去犬只身上的死毛及毛结，令披毛柔顺、整洁、富有光泽。

梳理　完成刷理的步骤后，用梳子梳理披毛，因为经过刷理以后还会有小结球，所以必须用梳子彻底梳理。

耳、眼部的清理　狗（尤其是长耳犬只）比较容易感染耳病，所以耳朵的检查和清理是不可缺少的。眼睛的泪腺及眼屎是使脸毛变成茶色的主要原因，所以除日常修整外，在美容洗澡时会有特别处理。

修剪趾甲　犬只的趾甲过长会刺入趾肉中，导致走动困难，美容时这个步骤也很重要。

洗澡　在完成以上四个步骤后，就可以给狗狗洗澡了。

烘干　洗完澡后用吸水毛巾把水吸干，然后用风箱或吹风机顺毛吹干。

修剪　这是最后一个步骤，是指给犬只做全身修剪。每个品种的犬只修剪成何种造型是很有讲究的。

猫咪的修饰

梳洗　如果天气许可，最好在室外给猫梳洗。在室外给猫梳洗时，可使污物、毛发和跳蚤留在屋外，这对于患有对猫的毛发及皮屑过敏的人也是有益处的。如果不能在室外进行，其次的最佳地点是门廊、浴室或屋内的公共场所。在室内进行梳洗时，最好让猫咪站在一张纸或塑胶垫上。

图解繁殖与培育

检查猫的耳朵、眼睛和爪　在为猫梳理毛之前，应趁此机会检查猫耳、猫眼和猫爪是否清洁，有无潜在疾病的现象。

洗脸　长毛猫往往容易有泪腺堵塞的情况发生。发生这种情况时，眼泪流到面颊上，脸上留下难看的黑色斑痕。为了清除污痕，应该用棉球蘸淡盐水，擦脸颊上的毛。如果经常发生这种问题，有必要请兽医诊治。

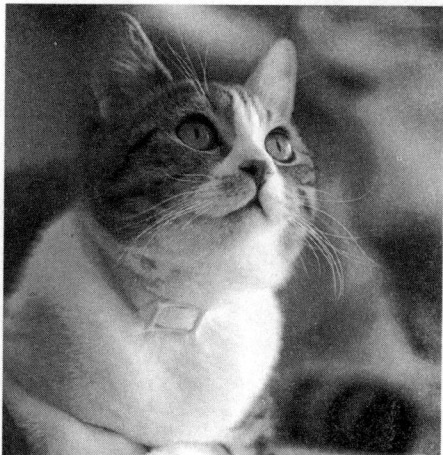

◆猫咪美容

擦洗猫眼　擦洗猫眼时，用一块棉花在温水中浸湿，轻轻将污物揩去。

修剪猫爪　应把猫紧紧地抱在膝上，用手指压住猫掌，使猫爪向前伸出。仔细检查猫爪。猫爪的主要部分包括粉红色的指甲下肉根，其中含神经。不可剪去活肉。白色的爪尖是无感觉组织，用很锋利的剪刀或专用钳子剪去爪尖，猫不会感到疼痛。

清洗猫爪　猫爪一般不会粘上脏东西，若是沾上了，用湿棉球可以很容易洗干净。

图解繁殖与培育

我爱我家

——家庭花卉的繁殖和培育

　　乔迁新居后，一切都收拾妥当，环顾四周，还缺点什么？对，要是有一盆绿色植物该多好，枝繁叶茂，花开时节看花，花开后还有果实收获，平常休闲时拿个花洒，边哼小曲边浇花……种什么好呢？牡丹还是玫瑰？平时管理起来麻烦不麻烦？什么时候浇水施肥呢？要是生病了怎么办？……

　　不要紧，在这一篇里，将为您解决家庭生活中出现的花卉繁殖和培育问题，有了它，一切将不再是问题。

花中之王——牡丹

牡丹，花大色艳，雍容华贵，在中国传统意识中被视为繁荣昌盛、幸福和平的象征。一位旅美华侨参观盐城枯枝牡丹后激动地说："中国是我的根，牡丹是我心中的花。"各族人民更是形成了许多牡丹文化习俗。如湖北恩施地区土家族人种牡丹、绣牡丹之俗，云南大理白族的牡丹木雕，西藏各地寺院中的壁画牡丹，北方满人旗袍上的牡丹，河南洛阳的插花俗，甘肃省临夏回族的"花儿"唱牡丹，陇西浪山观牡丹（朝山会），安徽巢湖银屏山的朝山拜神牡丹，以及洛阳、菏泽、北京、太原、彭县、上海、杭州、铜陵的牡丹花会和牡丹笔会等，就是人们酷爱牡丹的真实写照。

◆国画牡丹

知识储备

牡丹是重要的观赏植物，原产于中国西部秦岭和大巴山一带山区，现在以洛阳、菏泽牡丹久负盛名。牡丹属多年生落叶小灌木，生长缓慢，根系肉质强大，分枝和须根少；株高1～3米，老茎灰褐色，当年生新枝黄褐色；二回三出羽状复叶，互生；花单生茎顶，花径10～30厘米，花色有白、黄、粉、红、紫及复色，有单

◆牡丹品种——二乔

◆牡丹品种——酒醉杨妃

瓣、复瓣、重瓣和台阁型花。花萼5片；种子类圆形，成熟时为黄色，老时变成黑褐色，成熟种子直径0.6～0.9厘米，千粒重约400克。牡丹喜凉恶热，宜燥惧湿，可耐－30℃的低温，在年平均相对湿度45％左右的地区可正常生长。喜阴，要求疏松、肥沃、排水良好的中性土壤或砂土壤，忌黏重土壤或低温处栽植。花期4—5月。多采用嫁接方法栽培，因为与芍药同属芍药属，又多选用芍药作为砧木。

知识库——牡丹和芍药的区别

◆芍药

◆牡丹

　　1. 最根本的区别：牡丹是能长到2米高的木本植物，芍药是不高于1米、矮小的（宿根块茎）草本植物。

　　2. 牡丹比芍药花期早。牡丹一般在4月中下旬开花，而芍药则在5月上中旬开花。二者花期相差大约15天左右。

　　3. 牡丹叶片宽，正面绿色且略呈黄色；而芍药叶片狭窄，正反面均为黑绿色；

　　4. 牡丹的花朵多着生于花枝顶端，单生，花径一般在20厘米左右；而芍药的花多于枝顶簇生，花径在15厘米左右。

图解繁殖与培育

◆牡丹品种——白莲

◆牡丹品种——荷包牡丹

5. 牡丹被称为花王；芍药被称为花相。

6. 牡丹叶片偏灰绿色，无光泽；芍药叶片较有光泽。

7. 牡丹比芍药花色丰富。

牡丹繁殖

分株法

该法可保持品种优良特性，但繁殖出的新株较少。分株时间主要在秋季进行。方法是：把 4～5 年生、品种纯正、生长健壮的母株挖出，去掉附土，视其枝、芽与根系的结构，顺其自然生长纹理，用手

> 丹皮：名贵中草药，由牡丹的根加工而成。可和血、止痛、通经，还可降低血压、抗菌消炎。

掰开，一般可分 2～4 株。为避免病菌侵入，伤口可用 1‰硫酸铜或 400 倍多菌灵药浸泡，消毒灭菌。

嫁接法

根接法　时间以 9 月份最适宜。砧木可用生长旺盛的芍药根或牡丹根，晾 2～3 天，使之失水变软，再行操作。接穗多选用生长健壮、无病虫害的当年生萌蘖新枝，长 5～10 厘米即可。接穗要随采随用。

牡丹根接多采用"嵌接法"（半面劈接法）。根接时先在接穗基部腋芽

◆一株牡丹经高科技嫁接开出不同颜色、不同品种的花朵

图解繁殖与培育

　　枝接法　牡丹最佳枝接时间为 9 月初至 10 月中旬的无阴雨天。枝接时选取 5～8 厘米长的枝条（最好有充实饱满的顶芽）作接穗，在接穗下部 3 厘米处纵削一刀，深达木质部，削口要光滑平整且呈"马蹄形"，在削口背面轻轻削去 3 厘米表皮层，不能伤及形成层，削好接穗后含在唇边备用。选取砧木上的粗壮分枝，在其光滑平整的枝段上端短截，在截口处顺形成层内侧向下削开 3 厘米接口。然后将接穗插至砧木接口底部，使两者形成层对齐。若砧木枝条比接穗较粗，可使两者一侧的形成层对齐。接下来用 1.5 厘

◆芽接牡丹

　　两侧，削出长约 2～3 厘米的楔形斜面，再将砧木上口削平，选一平整光滑的纵侧面，用刀切开。切口略长于接穗削面，深度以含下接穗削面为宜。砧、穗削面要平整、清洁，然后将接穗自上而下插入切口中，使砧木与接穗的形成层对齐，用麻绳扎紧，接口处涂以泥浆或液体石蜡，即可栽植。

◆牡丹嫁接苗

　　米宽的 6 丝塑料条自下而上绑扎，最后用 20×10 厘米的塑料袋将接穗和接口罩住，在接口下方 1～2 厘米处将塑料袋口扎紧，既能保温保湿，又避免雨水侵入。

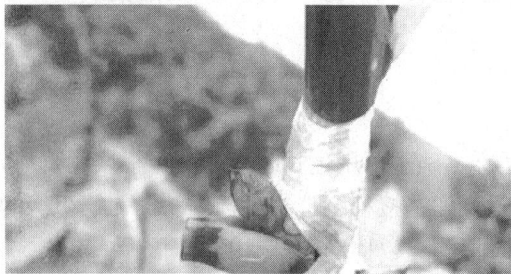

芽接法　芽接从 4 月下旬到 8 月中旬、枝条树皮能剥离的期间内均可进行，以 5 月上旬至 7 月上旬成活率最高。砧木采用实生牡丹或粗劣品种牡丹均可，接穗选用当年生枝条上充实饱满的芽，于 4—5 月份生长旺盛、韧皮部易剥离时芽接，也可选用 2～3 年生枝上的芽作接穗。

牡丹栽培

播种法

　　主要用于大量繁殖嫁接用的砧木或培育新品种。牡丹种子于 8 月下旬开始成熟，当果皮变成棕黄色时采收，果实采后放在阴凉通风处或置于室内摊晾。待种皮变成黑色，突果自然开裂时，即可将种子剥出，晾 2～3 天后，进行播种。播种时间一般在 9 月上旬左右。

◆已经成熟的牡丹种子

压条法

　　压条时间一般在 5 月底 6 月初花期后，选健壮的 2～3 年生枝向下压倒，在当年生枝与多年生枝交接处刻伤后压入土中，并用石块等物压住固定，经常浇水保持上壤湿润，促使萌生新根。若在老枝未压入土的部分也进行刻伤，使枝条呈将断未断状态，则更有利于促发新根。到第二年入冬前须根多时，即可剪离母体成新的植株。

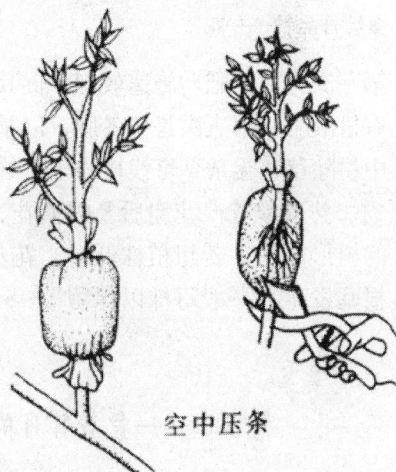

　　栽植　向阳、不积水之地为好，最好是朝阳斜坡，土质以肥沃、排水

空中压条

◆压条栽培

图解繁殖与培育

图解繁殖与培育

◆牡丹品种——紫玉兰

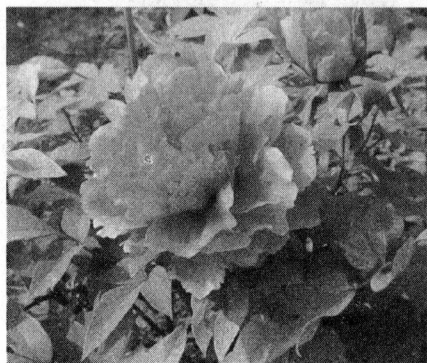

◆牡丹品种——花王

好的沙质壤土为宜。栽植前应深翻土地，栽植坑要适当大，牡丹根部放入穴内要垂直舒展，不能蜷根。栽植不可过深，以刚刚埋住根为好。一般盆栽较少。

光照与温度　充足的阳光对牡丹生长较为有利，但夏季烈日暴晒，温度在25℃以上时则会使植株呈休眠状态。开花适温为17℃～20℃，但花前必须经过1℃～10℃的低温处理2～3个月才可。最低能耐－30℃的低温，北方寒冷地带冬季需采取适当的防寒措施，以免受到冻害。南方的高温高湿天气对牡丹生长极为不利，因此，南方栽培牡丹需在特定的环境条件才可观赏到奇美的牡丹花。

浇水与施肥　栽植前浇两次透水。入冬前灌1次水，保证其安全越冬。开春后视土壤干湿情况给水，但不要浇水过大。全年一般施3次肥，第一次为花前肥，施速效肥，促其花开大开好。第二次为花后肥，追施1次有机液肥。第三次是秋冬肥，以基肥为主，促翌年春季生长。另外，要注意中耕除草，无杂草可浅耕松土。

整形修剪　花谢后及时摘花、剪枝，根据树形自然长势结合自己希望的树形修剪。若想植株低矮、花丛密集，则短截重些，以抑制枝条扩展和根蘖发生，一般每株以保留5～6个分枝为宜。

知识库——盆栽牡丹的花期控制

盆栽牡丹可通过冬季催花处理而春节开花，方法是：春节前60天左右

选鳞芽健壮饱满的牡丹品种（如赵粉、洛阳红、盛丹炉、葛金紫、珠砂垒、墨魁等）带土起出，尽量少伤根，在阴凉处晾12～13天后上盆，并进行整形修剪，每株留10个顶芽饱满的枝条，留顶芽，其余芽抹掉。上盆时，盆大小应和植株相配，达到满意株形。浇透水后，正常管理。春节前50天左右将其移入10℃左右温室内，每天喷2～3次水，盆土保持湿润。当鳞芽膨大后，逐渐加温至25℃～30℃，夜温不低于15℃，如此春节可见花。

牡丹常见病害及防治

◆牡丹红斑病

叶斑病　也称红斑病，病菌主要侵染叶片，也侵染新枝。发病初期一般在花后15天左右，7月中旬随温度升高日趋严重。初期叶背面有谷粒大小的褐色斑点，边缘色略深，形成外浓中淡、不规则的圆心环纹枯斑，相互融连，以致叶片枯焦凋落。叶柄受害产生墨绿色绒毛层；茎、柄部染病产生隆起的病斑；病菌在病株茎叶和土壤中越冬。

防治方法：①11月上旬（立冬）前后，将地里的落叶扫净，集中烧掉。②发病前（5月份）喷洒1∶160倍的波尔多液，10～15天喷一次，直至7月底；③发病初期，喷洒500～800倍的甲基托布津、多菌灵，7～10天喷一次，连续3～4次。

菌核病　又名茎腐病，发病时在近地面茎上发生水渍状斑，逐渐扩展腐烂，出现白色棉状物。也可能浸染叶片及花蕾。

防治方法：选择排水良好的地块栽植；发现病株及时挖掉并进行土壤消毒；4～5年轮作一次。

◆牡丹锈病

常见的还有炭疽病、锈病。炭疽病在叶面上发生圆形或不规则形淡褐色凹陷病斑，扩展后边缘为紫褐色；锈病在叶背面生黄色孢子堆，引起叶片退绿，后期病叶生柱状毛发物。防治方法同叶斑病。

图解繁殖与培育

花中皇后——月季

月季，中国十大名花之一，起源于中国又盛行于中国，被北京等国内50余个城市选定为市花。月季家喻户晓，雅俗共赏，在居民的阳台、小院、庭园，甚至郊野路旁，月季花俯拾皆是，其花开典雅，气味芬芳，色彩艳丽，千姿百态，深受中国人民的喜爱。不仅如此，月季也是国际上最为流行的花

◆北京奥运会颁奖花束

卉之一，是欧美一些国家的国花。在全世界范围内，月季花是用来表达人们友谊、欢庆与祝贺的最通用的花卉。月季作为2008年北京奥运会和残奥会颁奖花束，更体现了它在中国人民甚至世界人民心中的地位。

知识储备

月季种类主要有切花月季、食用月季、藤本月季、大花月季、树状月季、地被月季等。月季属常绿或落叶灌木，直立，茎为棕色，具钩刺或无刺；小枝绿色，叶为墨绿色，多数羽状复叶，宽卵形或卵状长圆形，先端渐尖，具尖齿，叶缘有锯齿，两面无毛，光滑；花朵常簇生，稀单生，花色甚多，色泽各

◆月季争艳

异，花期 4—10 月，春季开花最多；萼片尾状长尖，边缘有羽状裂片；果为肉质蔷薇果，卵球形或梨形，成熟后呈红黄色，顶部裂开，"种子"为瘦果，栗褐色。

月季喜日照充足，空气流通，排水良好而避风的环境，盛夏需适当遮荫。多数品种最适温度为白昼 15℃～26℃，夜间 10℃～15℃。较耐寒，冬季气温低于 5℃ 即进入休眠。要求富含有机质、肥沃、疏松的微酸性土壤，但对土壤的适应范围较宽。

小知识——月季采切保鲜

月季应在温度低、湿度大时采切。一般是在开花前 1～2 天采切。剪切时枝条要有 5 个节间踞或更长一些的长度，但在枝条上至少要有两个芽。切下 1 小时后，可插入水中吸水，然后按长度分级，10 枝一束捆好，用玻璃纸包装。月季切花保鲜期短，采切后的月季如果不上市出售，应立即入低温库贮藏，贮藏的温度为 1℃～2℃，最好是插入水中湿贮。注意不要把叶子也插入水中，盛花容器中可放入康乃尔配方液等保鲜剂。

月季繁殖

扦插繁殖

嫩枝扦插时间宜在上半年 4 至 5 月，下半年 9 至 10 月，选择当年生健壮枝条，剪成 8～12 厘米作为插穗，保留上部 4 片叶，其余摘除。用山泥、

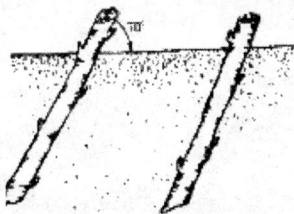

◆一般硬枝插

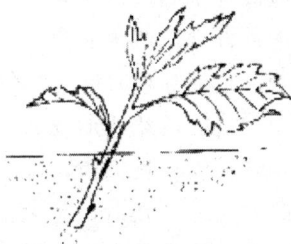

◆软枝扦插

月季的繁殖以营养繁殖为主，可扦插、嫁接、分株、压条等，以扦插、嫁接应用最多。

◆用珍珠岩进行扦插，效果很好。

蛭石、珍珠岩作为插壤。插后浇水、喷水，保持相当湿度，约 3 星期后发根。

　　老枝扦插须在月季休眠时期进行，结合冬季修剪，剪取老枝约 15 厘米作为插穗，插入土中约 7 厘米，插壤可用砻糠灰和素土以 2∶1 比例拌和。插后浇足水，覆盖塑料薄膜，待春季回暖，揭开一头薄膜通风。

小知识——扦插苗的成活

　　扦插苗的成活与否关键在于管理。管理可分三个阶段，每个阶段 7 至 10 天。第一阶段为阴湿阶段，此时要避免阳光直射，晴天要及时遮盖帘子，叶片干燥时，用小型喷雾器给叶面喷雾，防止叶片枯干脱落。第二阶段为愈合阶段，此时伤口开始愈合，要防止水分过多，否则会引起伤口组织霉烂，要逐渐使盆土干燥起来，早、晚可增加弱阳光照射时间，促进光合作用，同时促进伤口愈合和发根。第三阶段为发根阶段，可以逐渐增加阳光照射时间，盆土干燥时可适量浇水。如果老叶不脱落，新芽已长出，说明根已发，扦插苗已成活。

嫁接繁殖

　　影响嫁接成活的因素　砧穗两者形成层部分必须有相当大面积的紧密接触，这是嫁接成活的因素之一。理论上将砧穗两者形成层完全吻合是最理想的嫁接效果，但实际操作中很难做到，只求尽量达到最大面积的接触即可。

　　嫁接技术要点　嫁接时在保证砧穗形成层对准的同时也要保证砧穗的

图解繁殖与培育

嫁接是将两个植物体部分结合起来成为一个整体，并像一株植物一样继续生长下去。嫁接组合中，上面的部位称为接穗，承受接穗的部分叫做砧木。

一年中任何时期均可进行月季嫁接。但气温达到33℃以上时嫁接的成活率相对降低，低于5℃时嫁接株处于休眠状态，因此冬季休眠期嫁接是最适宜的。

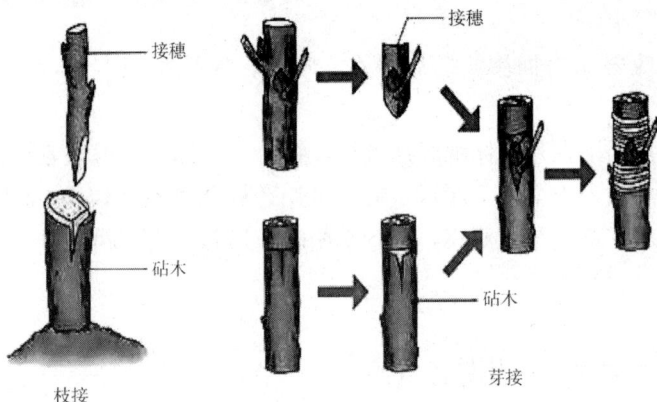

图解繁殖与培育

接穗

砧木

枝接

接穗

砧木

芽接

◆利用嫁接技术制作的树桩月季盆景

切削面必须平整。绑缚动作要灵巧迅速，以免削面氧化变色。穗条必须健康无病虫害，通常情况下可选一年生或不足一年生的开花后的穗条，取自穗枝中间部位的接芽最适宜嫁接，成活率最佳。

　　嫁接方法　T字形芽接是目前月季嫁接的流行方法。方法是：

　　（1）用短刃竖刀在砧木距地面4至6厘米的无分枝向阳面处横切一刀，约5至8毫米宽，其深度刚及木质部，再于横切口中部下竖直切一刀，约1.5至2厘米长，使皮层形成T字形开口。

（2）将穗条从母株上剪下，去叶片留叶柄，选择充实饱满的接芽，用利刀在其上方约 0.5 厘米处横切一刀深入木质部约 3 毫米左右，再用刀从接芽下方约 0.5 厘米刚及木质部向上推削至接芽上方的切口为止。

（3）用刀挑开砧木 T 字形切口的皮层，将接芽植入切口内，植入后要进行微调，将接芽的横切口与砧木的横切口对齐而不能暴露砧木形成层，一次性就位最为理想。接芽放妥后即用塑料带绑缚，绑缚时必须露出接芽。该方法虽显繁琐费时，但操作熟练后可在一分钟内完成一株的嫁接，且嫁接成活率极高，成活质量极佳。

月季栽培管理

光照　月季花喜光，生长季节要有充足的阳光，否则只长叶子不开花。

浇水　月季花怕水淹，盆内不可有积水，水大易烂根，保持半湿即可。

越冬　室温最好保持在 18℃ 以上，如果没有保暖措施，那就任其自然休眠。到了立冬时节，待叶片脱落以后，每个枝条只保留 5 厘米长，5 厘米以上的枝条全部剪去，然后把花盆放在 0℃ 左右的阴凉处保存。

◆树状月季

施肥　月季花喜肥。盆栽月季花要勤施肥，生长季节要十天浇一次淡肥水。

修剪　当月季花初现花蕾时，拣几个形状好的花蕾留下，其余的一律剪去，将来花开得饱满艳丽，花朵大而且香味浓郁。

通风　通风良好，月季花才能生长健壮，还能减少病虫害发生。

温度　月季花性喜凉爽、温暖，怕高温。最适宜的温度是 18℃～28℃，当气温超过 32℃ 时，花芽分化就会受到抑制。在高温时可以把花盆移在阴凉环境处养护。

图
解
繁
殖
与
培
育

点 击

　　盆栽月季宜用腐殖质丰富而呈微酸性肥沃的砂质土壤，不宜用碱性土。每年的春天新芽萌动前要更换一次盆土，以利其旺盛生长。月季花可以用各种材质的花盆栽种。

知识库——月季和玫瑰的区别

◆玫瑰

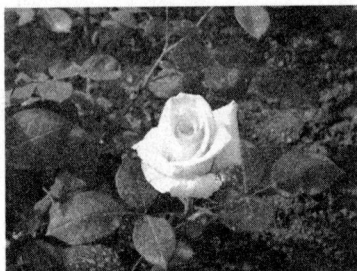

◆月季

　　1. 月季和玫瑰的枝条较为直立；月季茎干低矮，玫瑰茎干粗壮。

　　2. 月季的新枝是紫红色，玫瑰的茎密布着绒毛和针状的细硬刺且茎呈黑色。

　　3. 月季的小叶一般为3～5片，叶片平展光滑；玫瑰小叶为5～9片，但叶片下面发皱，叶背发白有小刺，整个叶片也较厚且叶脉凹陷。

　　4. 月季一般为单花顶生，也有数朵簇生的，一般为1～3朵，花径约5厘米以上，花柄长且月月季季开花不败，故称月月红、月季花、长春花；玫瑰花单生或1～3朵簇生，花柄短，只在夏季开一次花，但玫瑰花的香气要比月季浓郁很多。

　　5. 月季的果实为圆球体，玫瑰是扁圆形的果实。

知识窗　　月季对环境保护有益吗？

　　月季花是吸收有害气体的能手，能吸收硫化氢、氟化氢、苯、苯酚等有害气体，同时对二氧化硫、二氧化氮等有较强的抵抗能力，因此月季花也是保护人类生活环境的良好花木。

小贴士——各色月季

月季常见病害及防治

黑斑病 主要侵害叶片、叶柄和嫩梢，叶片初发病时，正面出现紫褐色至褐色小点，扩大后多为圆形或不定形的黑褐色病斑。可喷施多菌灵、甲基托布津、达可宁等药物。

◆月季白粉病　　　　　　◆月季黑斑病

白粉病 侵害嫩叶，两面出现白色粉状物，早期病状不明显，白粉层出现3～5天后，叶片呈水渍状，渐失绿变黄，严重时则造成叶片脱落。发病期喷施多菌灵、三唑酮即可，但以国光英纳效果最佳。

刺蛾 主要为刺蛾的幼虫，于高温季节大量啃食叶片。防治方法：一旦发现，应立即用90%的敌百虫晶体800倍液喷杀，或用2.5%的杀灭菊酯乳油1500倍液喷杀。

蚜虫 主要为月季管蚜、桃蚜等，它们刺吸植株幼嫩器官的汁液，危

幼虫

茧蛹及刚羽化的成虫

黄刺娥

成虫

月季长管蚜

群集为害状

无翅成虫

图解繁殖与培育

害嫩茎、幼叶、花蕾等，严重影响到植株的生长和开花。防治方法：及时用 10％的吡虫啉可湿性粉剂 2000 倍液喷杀。

朱砂叶螨　一年可发生 10～15 代，以成螨、幼螨、若螨群集于叶背刺吸汁液造成危害，卵多产于叶背叶脉的两侧或聚集的细丝网下。每一雌螨可产卵 50～150 粒，最多时达 500 粒，完成一代的时间在 23℃～25℃的气温条件下，只需 10～13 天，高温干旱季节发生猖獗，常导致叶片正面出现大量密集的小白点，叶背泛黄偶带枯斑。防治方法：一旦发现，及时用 25％的倍乐霸可湿性粉剂 2000 倍液喷杀。

花中君子——君子兰

◆君子兰

花卉是大自然的精华，君子兰是万花丛中的奇葩。其叶、花、果并美，素有"一季观花、三季观果、四季观叶"之称，株形端庄优美，叶片苍翠挺拔，花大色艳，果实红亮。中国君子兰是中国传统文化的五大经典符号之首，表现出"君子之风、王者之气"的传统神韵及深湛文化内涵。古语云：具德才者为君子。品悟君子兰，可以形象体悟到中国君子的风骨和中国儒家"修身、齐家、治国、平天下"的思想精髓。

知识储备

君子兰原产南非，又名大花君子兰、剑叶石蒜，为多年生草本。其肉质根白色，茎为短缩茎，不分枝，基生叶多数，革质，互生，排列整齐，呈扇形，常绿；花为有限花序，呈伞形排列，花茎扁平、肉质、实心，小花有柄，漏斗状，颜色有橙黄、淡黄、橘红、浅红、深红等；未成熟葫果为绿色，成熟后为紫红色；种子大，球形。君子兰喜温暖环境，种子发芽适温为 20℃～25℃，秧苗生长适温 15℃～20℃，10℃ 以下生长发育迟缓，8℃ 以下处于休眠状态，长时间处于

君子兰

0℃会发生冻害。

君子兰繁殖

◆精品彩色君子兰种子

> 制作培养土可用的材料很多，但比较容易取得的一种是用从树林表层取来的带有充分腐殖质的疏松土，掺入1/3的干净细沙土即可。

种子繁殖法 用种子繁殖法先要进行人工授粉。当花被开裂后2～3天，花苞成熟、柱头有黏液分泌时，即为授粉时机。为了提高结子率，可于上午9～10时、下午2～3时之间各授粉1次。授粉时，用新毛笔蘸取雄蕊的花粉，轻轻地振落在雌蕊的柱头上。种子大约8～9个月后才成熟。当果皮由绿色逐渐变为黑紫色时，即可将果穗剪下，过10～20天后把种子剥出。播种前，将种子放入30℃～35℃的温水中浸泡20～30分钟后取出，晾1～2小时，即可播入培养土。播种的花盆放置在室温20℃～25℃环境中，使湿度保持在90%左右，大约1～2星期即萌发出胚根。君子兰的播种时间要求并不严格，春、秋、冬三季都可播种，但气温是一个重要条件，最好在20℃～25℃的气温条件下播种，就能适应萌发胚芽的温度要求。

分株繁殖法 所用花盆最好是瓦盆；介质土要进行消毒处理，如用腐殖土混合细沙时，腐殖土要用高锰酸钾1000～2000倍水溶液喷洒消毒；细河沙也要用滚开的水烫洗消毒，避免幼苗受病菌感染腐烂；事先准备少许木炭粉涂抹伤口作吸潮防止腐烂之用；并将切割用的刀磨锋利，最后一定要在磨石上快速干磨（不加水）数十下，使刀身高度发热，以杀灭病菌。分株时，先将君子兰母株从盆中取出，去掉宿土，找出可以分株的腋芽。如果子株生在母株外沿，株体较小，可以一手握住鳞茎部分，另一手捏住

子株基部，撕掰一下，就能把子株掰离母体；如果子株粗壮，不易掰下，就应该用准备好的锋利小刀把它割下来。千万不可强掰，以免损伤幼株。子株割下后，应立即用干木炭粉涂抹伤口，以吸干流液，防止腐烂。接着，将子株上盆种植。种植时，种植深度以埋住子株的基部假鳞茎为度，靠母株的部位要使其略高一些，并盖上经过消毒的沙土。种好后随即浇一次透水，待到 2 星期后伤口愈合时，再加盖一层培养土。一般须经 1～2 个月生出新根，1～2 年开花。

◆君子兰也可以水培

点　击

　　人工授粉时，最好采取异株授粉，异株授粉结子率高，健壮的植株经异株繁殖后一般可结子十粒；同株授粉只能结子几粒。

君子兰栽培

　　换盆　栽培时用盆随植株生长时间逐渐加大，栽培一年生苗时，适用 3 寸盆。第二年换 5 寸盆，以后每过 1～2 年换入大一号的花盆，换盆可在春、秋两季进行。

　　不同土壤中的营养成分不同，种植君子兰一定要用专用君子兰土！

　　浇水　君子兰具有较发达的肉质根，根内存蓄着一定的水分，所以这种花比较耐旱。不过，耐旱的花也不

人不可有傲气
但不可无骨气
----周恩来

可严重缺水，尤其在夏季高温加上空气干燥的情况下，不可忘记及时浇水，否则，花卉的根、叶都会受到损伤，导致新叶萌发不出，原来的叶片焦枯，不仅影响开花，甚至会引起植株死亡。但是，浇水过多又会烂根。所以要好好掌握，经常注意盆土干湿情况，出现半干就要浇一次，但浇的量不宜多，保持盆土润而不潮就是恰到好处。

施肥　花卉中有不少是喜肥的，但对喜肥花卉施肥也要有一个限度，过多施肥，不利生长，甚至造成植株烂根或焦枯。君子兰也属于这类植物，必须做到适量施肥。

①施底肥（或称基肥），目的是创造植株生长发育的条件，满足其对养分的需要。君子兰施底肥应在每2年一次的换盆时进行。施入土壤中常用的厩肥（即禽畜粪肥）、堆肥、绿肥、豆饼肥等。

②追肥，主要是促进植株的生长。君子兰可施用饼肥、鱼粉、骨粉等肥料。初栽植的少施些，以后随着植株的长大和叶片的增加，施肥量也逐渐增加，施肥时，扒开盆土施入2～3厘米深的土中即可，但要注意，施入的肥料不要太靠近根系，以免烧伤根系。施这种固体肥一般每月施一次已够，不宜再密。

③追施液肥，追施液肥是将浸泡沤制过的动植物腐熟的上清液兑上30～40倍的清水后浇施在盆土上。小幼苗宜浇兑水40倍的，中苗宜兑水30倍的，大苗可只兑20倍水。浇施液肥后隔1～2天后要接着浇一次清水（水量不宜多），使肥料渗入盆土中的根系，充分发挥肥效。浇施液肥前1～2天不要浇水，让盆土比较干一些再施液肥，更为有效。施肥时间最好在清晨；浇施时，应让肥液沿盆边浇入，注意避免施在植株及叶片上。

④根外追肥，用这种方法施肥，主要是弥补土壤中养分之不足，以解决植株体内缺肥的问题，使幼苗生长快、花朵果实长得肥大。根外施肥就

图解繁殖与培育

是把肥料的稀释液直接用喷雾器喷在植株的叶面上，让营养元素通过叶片表皮细胞和气孔渗入叶内组织再输往植株全身。常用的施肥品种有尿素、磷酸二氢钾、过磷酸钙等。喷时，要向叶片正反两面均匀喷施。生长季节4～6天喷1次，半休眠时2星期1次，一般在日出后喷施，植株开花后即宜停施，必须注意的是，这种方法只有在发现植株缺肥的情况下才可使用。若植株营养充足，生长旺盛，则不宜采用。

知 识 窗

花卉浇水注意事项

磁化水最好，其次是雨水、雪水或江河里的活水，再次是池塘水，最差的是自来水。自来水可以先用一个小桶盛放，隔2～3天后再浇。这样可以使水中部分有害杂质沉淀，让水中物质得到氧化和纯化，而且可以使水温接近盆土的温度，不使植株受到伤害。

知 识 窗

君子兰营养土的配方

君子兰的营养土以腐叶（橡叶）、松针、粗沙为主配制，比例为：腐叶30％，松针30％，粗沙子20％，小麻子（干炒熟）10％，木炭5％，脱脂骨粉5％。此类营养土通透性好，营养丰富，适于君子兰的生长。

点 击

给君子兰施肥应根据季节不同，施不同的肥料。春、冬两季宜施些磷、钾肥，如鱼粉、骨粉、麻饼等，有利于叶脉形成和提高叶片的光泽度；而秋季则宜施些腐熟的动物毛、角、蹄或豆饼的浸出液，以30～40倍清水兑稀后浇施，助长叶片生长。

图解繁殖与培育

小贴士——养兰中的换土技巧

1. 去掉断根、烂根和黄根。
2. 盆底放一块碎盆片。
3. 盆底放一层土。
4. 放少量麻籽做底肥。
5. 再盖上一层土。
6. 把花根填满土。
7. 用手填满土。
8. 浇透水即可。

君子兰常见病害及防治

　　白绢病　此病发生时，靠近根部的茎出现水渍状褐色不规则病斑，皮层软腐，随后生出白色绢丝状菌丝体在根际土表蔓延，后期成小菌核，最后成菜子状，扩大至整个基部腐烂坏死。

　　防治方法：①上盆前，培养土要进行消毒。比较简单的方法是将培养土置于 6℃的温度下 24 小时；②经常注意观察土表，发现白色菌线即拣出烧毁，并在病穴四周撒些石灰粉消毒；③发病初期，在植株茎基部及基部

周围土壤上浇灌 50％多菌灵可湿性粉剂 500 倍液，每周 1 次，2～3 次即可。

软腐病　病菌常从伤口处侵入。病发时，叶片上出现淡黄色水渍状斑点，后扩大成规则病斑，使叶片变成褐色软腐状物，病斑伤口处有菌液流出。

◂君子兰细菌性软腐病

防治方法：①一旦发现此病，应立即把病株分开，扒开植株周围的培养土，使发病部位露出，掰开腐烂病叶，用消毒刀刮去腐烂部分，日光适当照射，保持通风干燥；②如腐坏植株多，须全部切除罹病组织，用 5％高锰酸钾水溶液浸泡 1 小时，以清水冲洗晾干，在切口处涂抹草木灰，另换新盆栽植，置于温度不高的通气处；③药物治疗可用青霉素或链霉素或土霉素加 4000～5000 倍水溶液喷洒或涂抹病斑，有一定疗效。

◂精品兰——黄短叶，株形如打开的扇子

炭疽病　此病多发生在多雨潮湿闷热季节，发病部位多在叶尖和叶片边缘。初期叶片出现湿润状褐色小斑点，接着扩大成椭圆形病斑，周围呈黄色，后期逐渐萎缩干枯。盆土过湿，氮肥过量易发此病。

◂君子兰炭疽病

防治方法：①给予花盆以通风和光照良好的环境，盆土只宜潮润，不宜浇水太多太密。增加磷、钾肥，控制氮肥。②发现患病预兆时，应立即用 50％的可湿性多菌灵粉剂加 800 倍水制成溶液，或用 60％的炭疽福美加

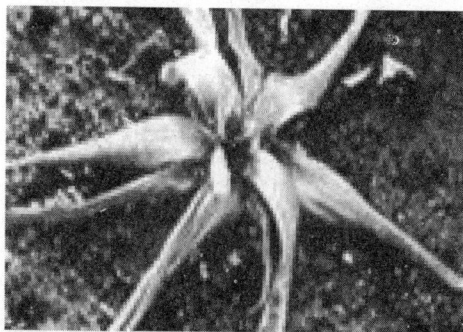

图解繁殖与培育

◆兰花介壳虫

1000 倍水的溶液喷洒，约 6 天喷 1 次，喷 3～5 次即可见效。

介壳虫病　发生虫害时，介壳虫常聚集在叶片的嫩梢上，吸取叶液，分泌出大量病菌，使茎叶变成霉黑色，造成煤烟病，并使叶片枯萎。此虫繁殖力强，一年可发生多代，一只雌成虫常能繁殖数百只，如不及时采取防治措施，可造成死亡。

防治方法：应以预防为主。平时要经常注意察看株体，发现虫害，及早除治，以防蔓延。除治介壳虫可以人工、药物同时俱用。如只有 1 片 2 片叶梢发现虫害，可作人工刮除，用细木条削尖或用竹扦将虫体剔去。若出现大量若虫，可用 25％亚胺硫磷乳油 1000 倍液喷杀，也可用 40％的氧化乐果乳剂加 1000～1500 倍水制成溶液喷洒。一般喷洒 1～2 次即可将其杀灭。

蚯蚓　蚯蚓也会成为君子兰的害虫。在君子兰的植株幼小时期，其肉质根非常嫩弱，若盆土中有蚯蚓，它常常会到处乱钻，使嫩根受伤，破坏君子兰吸收营养的功能，使植株停止生长发育或造成烂根。防治方法是：要经常注意盆土表面有没有圆形土颗粒（即蚯蚓排泄物），若发现，可立即用 50％的敌敌畏乳剂加 1500～2000 倍水制成溶液浇灌。浇灌后出现有蚯蚓钻动，立刻除去；隔一星期后再同样进行一次，即可将蚯蚓除尽。

知识库——君子兰护叶要点

叶肥花壮，叶绿花艳，叶短、阔、厚、绿、亮、挺是健康君子兰的特点，是促进开花、提高观赏价值的基础。要维持强健的叶质，除提供合理的肥水外，必须保持叶面清洁，以提高光合效率。护叶方法：一是定期洗叶，用清水喷洒冲

图解繁殖与培育

洗或揩抹污染叶片上的尘埃物，保持叶面清洁；二是及时喷洒杀菌剂，防止叶斑病、叶枯病、茎腐病的发生，确保叶片青绿，花朵艳丽。

◆精品兰——珍珠花脸

图解繁殖与培育

图解繁殖与培育

花中隐士——菊花

菊花独占了一个季节，菊花代表了一种精神，这在其他花卉中是不多见的。中国人总爱把花卉和人的品格联系在一起，于是便有了花卉文化，便有了花中"四君子"——梅兰竹菊。就菊花来说，丽而不媚，傲然临霜，怒放于群芳凋零之际；美而不俗，不畏肃杀，尽展其娇媚之态。这便是其秉性了，如果把这种秉性赋予一个读书之人，或者是他的文章，我想应该是至上的赞誉了。所以，喜爱菊花，喜爱菊花文化，是很多人的共识。

◆国画菊花

知识储备

◆媚而不俗的菊花

菊花是经长期人工选择培育出的名贵观赏花卉，也称艺菊，品种已达千余种。菊花属多年生草本植物，株高20～200厘米，茎色嫩绿或褐色，多为直立分枝，基部半木质化；单叶互生，卵圆至长圆形，边缘有缺刻或锯齿；头状花序顶生或腋生，一朵或数朵簇生，色彩丰富。菊花喜凉爽、较耐寒，适温18℃～21℃，地下根茎耐旱，最忌积涝，喜地势高、土层深厚、富含腐殖质、疏

松肥沃、排水良好的壤土。

菊花繁殖

分株 将其植株的根全部挖出，按其萌发的蘖芽多少，根据需要以1～3个芽为一窝分开，栽植在整好的花畦里或花盆中，浇足水，遮好荫，5～10天即可成活。用这种方法繁殖的株苗强壮、发育快、不变种。

芽插 在菊花母株根旁，经常萌发出脚芽来，当脚芽叶片初出尚未展开时，作为插穗进行芽插，极易生根成活，且同分株法一样，生命力强，不易退化。

枝插 在4—5月期间，可在母株上剪取有5～7个叶片、约10厘米长的枝条做插枝。将插枝下部的叶子去掉，只留上部的2～3片叶子，插枝下端削平，用细木棍或竹签在壤土上扎好洞，然后再小心

> 菊花适应性强，繁殖以扦插、嫁接为主。正如人们所说的：3月分株，4月插，5月嫁接，6月压。

◆千娇百媚的菊花

地将插枝插进去，以免刺伤插枝的切口处或外皮。入土深度约为插枝的三分之一，或者一半。插好后压实培土，洒透水，在15℃～20℃的湿润条件下，15～20天可生根成活。待幼苗长至3～5个叶片时，即可移栽苗圃或花盆里。

嫁接 嫁接时可用根系发达、生长力强的青蒿、白蒿、黄蒿为砧木，用需要繁殖的菊花株苗做接穗，用劈接法嫁接。方法是：先选好砧木和接穗，然后将砧木从根据需要的高度切掉，切面要平整，并在切面纵向切割；接穗下部入砧木处两侧各削一刀，使接穗成楔形，插入砧木纵切口处，但必须注意将接穗和砧木的外侧形成层对齐，劈接成功与否的关键就

◆千娇百媚的菊花

> 种植菊花的地块要求排水良好、肥沃、疏松、含腐殖质丰富，盐碱地不宜种植，忌连作。

图解繁殖与培育

在此举，然后绑扎即可。一般一株上可接 1～6 个或 8 个接穗，要视砧木粗细来定。接好后要适当遮荫，以防接穗萎蔫而失败。待接穗成活后，切口已全部愈合好，才可取掉绑扎带，同时应抹去砧木上生长的小枝叶。

压条　待菊花枝条较为老化后，可采取连续压条法或窒土培压的办法进行。选距离地面较近的健壮枝，除去土压部位的叶柄，并在此处稍破坏一部分表皮到木质部，以便结痂并在此处生根。待生根后，叶腋间长出新枝 10～15 厘米时，分离母株，若是连续压的也可各自分离，使之成为独立的新株苗。再待一段时间后移株。

知识窗

MS 培养基

　　MS 培养基特点是无机盐和离子浓度较高，为较稳定的平衡溶液。其养分的数量和比例较合适，可满足植物的营养和生理需要。它的硝酸盐含量较其他培养基高，广泛地用于植物的器官、花药、细胞和原生质体培养，效果良好。

菊花栽培技术

　　移栽　分株苗于 4—5 月、扦插苗于 5—6 月移栽。选阴天、雨后或晴天的傍晚进行，在整好的畦面上，按行株距各 40 厘米挖穴，穴深 6 厘米，然后，带土挖取幼苗，扦插苗每穴栽 1 株，分株苗每穴栽 1～2 株。栽后覆

我爱我家——家庭花卉的繁殖和培育

土压紧，浇定根水。

中耕除草　菊苗移栽成活后，到现蕾前要进行4～5次除草。每次除草宜浅不宜深，同时要培土，防止菊苗倒伏。

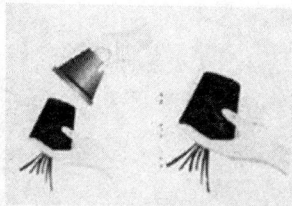

◆脱盆方法

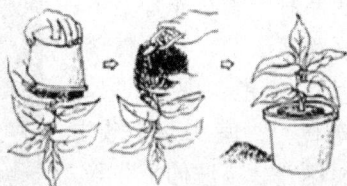

换盆方法

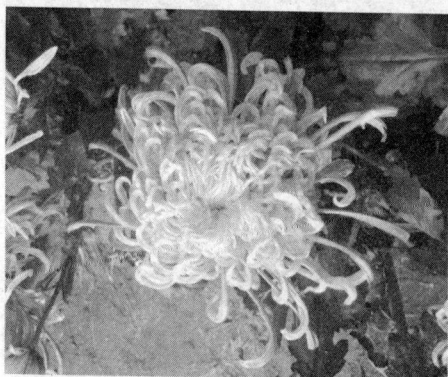

◆菊花欣赏——禾城星火

◆用浇壶浇水的方法

追肥　菊花根系发达，吸肥力强。除施基肥外，还需注意追肥。追肥时，前期氮肥不宜过多，以防陡长，后期植株容易倒伏，肥料应集中在中期用，促使发根，增加花枝。第一次追肥在菊花成活后，每亩追施人畜粪水400千克，用以催苗生长。第二次6月下旬植株分枝时，每亩施稍浓的人畜粪水500～700千克。第三次在9月下旬菊花现蕾时，每亩施硫酸铵5千克，还可用过磷酸钙作根外追肥，或配制成2％溶液喷洒叶面。

摘蕾　菊花分枝后，在小满前后，当苗高25厘米时，进行第一次摘心，选晴天摘去顶心1～2厘米，以后每隔半个月摘心一次，在大暑后停止，否则分枝过多，营养不良，花头变得细小，反而影响菊花的产量和质量。

菊花矮化处理

选矮生品种 菊花品种繁多，家庭培育多为案头菊，具有株矮、叶茂、花大、色艳、观赏期长、生长期短等优点。案头菊中矮生品种有"旭桃"、"凌波仙子"等。

推迟扦插时间 常规扦插时间在4至5月，推迟扦插时间，就缩短了菊花的营养生长期，可达到植株矮化的目的。培养多本菊可推迟到7月中旬，独本菊可推迟到8月上旬。

浅插浅栽 浅插既可避免高温、干燥的影响，提高扦插成活率，又可降低菊花的高度。方法是将插条插入盆土中3～4厘米，用手压实土壤，浇一次透水。半个月后，插穗依然保持绿色，表明已生根成活。扦插1个月后，可进行第一次移栽。移栽时要浅栽，以防水分和养分过多导致植株陡长。移栽后先放在阴凉处养护，缓苗后再移到向阳处，让其接受较多光照。第二次移栽同样要浅栽。

控制水肥 培育株矮花大的菊花，在水肥管理上必须按"前控后促"的原则进行，即在营养生长期要扣水扣肥，以防陡长，达到植株矮化的目的。在营养生长后期和孕蕾开花期要增加浇水施肥量，促使花蕾

◆菊花欣赏——祥云鹤舞

◆菊花盆景

菊花入食多用黄、白菊，尤以白菊花为佳，杭白菊，黄山贡菊，福山白菊等都是上品。

饱满，形美色艳，着花整齐。具体做法是在第一次移栽后要控制浇水，以盆土略干为好。可施0.1％的尿素或0.05％的磷酸二氢钾液肥。在第二次移栽后，除培养基质含肥量较高外，施肥量也要有所增加。每周施一次稀薄的饼肥，同时叶面喷施0.1％至0.2％的尿素或磷酸二氢钾液肥。在现蕾前，浇水要按"见干见湿"的原则进行，如浇水过多，会引起陡长。现蕾后，株高基本定型，可增加浇水量，并结合浇水多施磷、钾肥，少施氮肥，以促花大色艳。待花蕾透色时停止施肥，并减少浇水量。

摘心摘蕾　盆菊除独本菊外，一般留5至7朵花。要达到株形矮壮，应进行两次摘心。第一次摘心于菊花定植缓苗后，在3至4片叶的上面将主芽摘除。现蕾后，每枝只留一个长势好、花蕾大的主蕾，其余的侧蕾全部摘除。

使用不同的培养基质　第一次移栽使用的培养基要求疏松、透气性强、肥力含量较低，以促使菊苗多发侧根。可用40％的腐叶土、40％的河沙和20％的园土配制而成，经消毒后使用。第二次移栽的培养基质要求通透性强，肥力较高，肥效持久，以满足孕蕾和开花的需要。可用10％腐熟的饼肥、50％的腐叶土、35％的沙壤土和5％的速效磷肥配制而成。

知识窗

多本菊与独本菊

多本菊也称多头菊，是将大菊进行摘心培育，使一株成花3～9朵的盆栽菊。通常培育成3朵或5朵者居多。

独本菊，又称品种菊。用大菊培育，每盆1株，着花1朵。常用于品种展示及品种鉴定，也做育种亲本和繁殖母株。

点击

喷施植物生长延缓剂可抑制细胞的分裂和延伸，从而达到节间短、植株矮化的目的。

小贴士——菊花的组织培养

离体器官、组织或细胞 —脱分化→ 愈伤组织 —再分化→ 根、芽 → 植物体

图解繁殖与培育

菊花常见病虫害及其防治

◆菊花花叶病毒病

蚜虫自幼苗到花期终了，都可发生。各类蚜虫用10％吡虫啉4000～6000倍液喷施。由于蚜虫繁殖很快，应随时观察，及时防治。

红蜘蛛多在5--6月间高温干燥季节发生，潜伏叶背，刺吸汁液，造成叶片干黄枯死。如除治不干净，可危害到冬天。红蜘蛛类害虫可用25％三唑锡1500～2000倍液喷雾，防治效果显著。

潜叶蛾5月间在叶子上产卵，幼虫孵化后，即钻到叶肉里蛀食，把叶肉吃空，蛀成一条条曲折的干空隧道，严重时可使全叶干黄枯死。一年发生3～4代，到10月间仍有发生。可采取早期摘除被害叶片，5月间用40％氧化乐果等杀虫剂喷雾防治。

我爱我家——家庭花卉的繁殖和培育

近年来各地粉虱猖獗，由夏到冬不断发生，繁殖迅猛，常常重叠发生，致叶片发黄变形。可用10％吡虫啉4000～6000倍液喷雾或用一般杀虫药加适量黏着剂，使粉虱着药不能再飞，即可除治。

斑点病通常在7月中旬前后出现，尤其是连日阴雨、积水久湿、昼夜温差大时，最容易较大面积发生，其中最多的是褐斑

◆菊花欣赏——骏河的花姬

病。对各种斑点病，首先应注意预防。各种培养土使用前，应混入适量多菌灵等灭菌药进行土壤消毒。在发病前应喷施50％托布津1000倍液或50％多菌灵500倍液预防。特别是在下雨前后，宜在植株下部和盆土面上喷施代森铵1000倍液预防。雨后喷水清洗下层叶背泥水污点，随后喷药。

锈病气候湿润时容易发病，最早的在6—7月出现，而以9月发病严重。对于各种锈病，除注意土壤消毒外，在高温湿润季节，可喷洒托布津或多菌灵预防，也可用40％信生8000～10000倍液喷雾防治。

白粉病病菌传染发病。8—9月间到入冬，在湿度大、光照少、通风不良、昼夜温差在10℃以上时最易感染发病。可在8月上旬喷洒托布津或多菌灵进行预防，也可用20％三唑酮1500倍液喷雾防治，10月末入室前再喷1次。

图解繁殖与培育

凌波仙子——水仙

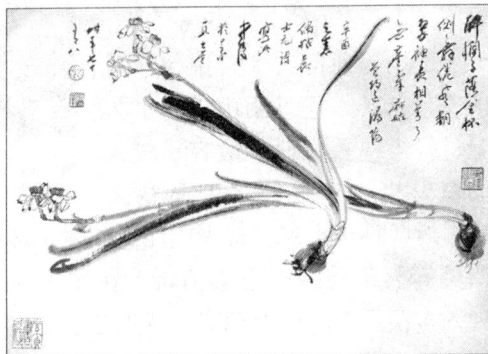

水仙原产中国，是中国十大名花之一、福建省省花、漳州市花，别名金盏银台。每当暮冬岁首，百花凋谢、群芳俱寂时，水仙却冰肌玉骨、亭亭玉立、清香四溢，为人们带来春意。它素洁的花朵超尘脱俗，高雅清香，格外动人，宛若凌波仙子踏水而来，被人们称为"凌波仙子"。在民间赠送水仙的含义便为赞美您心好必有好运，祝贺您吉祥如意，万事称心。

知识储备

水仙属多年生草本植物，地下部分的鳞茎肥大似洋葱，卵形至广卵状球形，外被棕褐色皮膜。叶狭长带状，二列状着生。花葶中空，扁筒状，通常每球有花葶数支，多者可达 10 余支，每葶数朵至 10 余朵，组成伞房

◆水仙

◆水仙的花

花序。雄蕊呈椭圆形，花粉为黄色。雌蕊近似三角形，乳白色，中部发绿。水仙性喜温暖、湿润，以疏松肥沃、土层深厚的冲积沙壤土为最宜。喜阳光充足，蔽荫栽种常叶茂而不开花。6月上、中旬地上部枯萎进入休眠期，11月开始萌发生长，次年3月开花，一般栽培不结实。

水仙繁殖

侧球繁殖 这是最普通常用的一种繁殖方法。侧球着生在鳞茎球外的两侧，仅基部与母球相连，很容易自行脱离母体，秋季将其与母球分离，单独种植，次年产生新球。

侧芽繁殖 侧芽是包在鳞茎球内部的芽。只在进行球根阉割时，才随挖出的碎鳞片一起脱离母体，拣出白芽，秋季撒播在苗床上，翌年产生新球。

双鳞片繁殖 1个鳞茎球内包含着很多侧芽，有明显可见的，有隐而不见的。但其基本规律是两张鳞片1个芽。用带有两个鳞片的鳞茎盘做繁殖材料就叫双鳞片繁殖。其方法是把鳞茎先放在低温4℃～10℃处4～8周，然后在常温中把鳞茎盘切小，使每块带有两个鳞片，并将鳞片上端切除留下2厘米做繁殖材料，然后用塑料袋盛含水50%的蛭石或含水6%的沙，把繁殖材料放入袋中，封闭袋口，置20℃～28℃且黑暗的地方。经2～3个月可长出小鳞茎，成球率80%～90%。这是近年开始发展的新方法，四季可以进行，但以4—9月为好。生成的小鳞茎移栽后成活率高，可达80%～100%。

组织培养 用MS培养基，每

◆水仙

> 通常人们都会把开过花的水仙球扔掉，这其实很可惜。如果将那些已开过花的鳞茎再埋到土里，它就可以继续生长繁殖。

图解繁殖与培育

升附加 30 克蔗糖与 5 克活性炭，用芽尖具有双鳞片的茎盘 510 毫米做外植体，PH 值 5～7；装入 20×100 毫米的玻璃管中，每管 10 毫升培养基，经消毒后，每管植入一个外植体，然后在 25℃ 中培养，接种 10 天后产生小突起，20 天后成小球，1 月后转入含 NAA（α—萘乙酸）0.1 毫克的 1/2MS 培养基中，6～8 周后有叶、有根，移栽在大田中，可 100％ 成活。用茎尖做外植体还有去病毒的作用。

水仙栽培

◆水培法栽培水仙

◆土培法栽培水仙

水培法　即用浅盆水浸法培养。将经催芽处理后的水仙直立放入水仙浅盆中，加水淹没鳞茎三分之一为宜。盆中可用石英砂、鹅卵石等将鳞茎固定。

土培法　即利用大多数土培花卉的培养法来栽培水仙。于 10 月中、下旬，用肥沃的沙质土壤把大块鳞茎栽入小而有孔的花盆中，栽入一半露出一半，鳞茎下面应事先垫一些细沙，以利排水。

水仙家庭养护

挑选种球

看形　优质的水仙鳞茎，一般个体大、形扁、质硬，表皮纵脉条纹距离较宽，中膜绷得很紧，皮色光亮，根盘宽大肥厚，主球旁生有对称的小球茎。

图解繁殖与培育

我爱我家——家庭花卉的繁殖和培育 ‹‹‹‹‹‹‹‹‹‹‹‹‹‹‹‹‹‹‹‹

观色 从外表看上去，球茎呈深褐色、包膜完好、色泽明亮，无枯烂、虫害痕迹的为上品。

按压 按压是选择、鉴别水仙花箭多少的主要手段。可用拇指和食指捏住球茎，稍用力按压，手感轮廓呈柱状，有弹性，比较坚实的，为花箭；手感松软，轮廓呈扁平状，弹性稍差的，则多为叶芽。

问庄 水仙一般都采用同样大小的竹篓包装，有每篓装 20 个、30 个、40 个和 50 个球茎的四种包装规格，俗称 20 庄、30 庄、40 庄和 50 庄。每篓装的个数越少，其球茎个体就越大。如每篓装 20 个的 20 庄球茎，每个球茎直径可达 12 厘米，为一等品；30 庄的，球茎个体较 20 庄的稍小一些。以上这两种水仙球茎，一般每球可开花 4～7 箭以上，为上品。40 庄和 50 庄的球茎，个体就小得多了，一般只能开 1～3 箭的花。

◆水仙球茎

◆水仙经过雕刻以后，叶芽和花梗就会向刻伤的方向弯曲生长，因而可以塑造出千姿百态、婀娜多姿的花形。

休眠球催芽

剥衣 即剥去鳞茎球外面一层褐色表皮。

切球 在鳞茎球的上半部左、右各 1/3 处，向下横切，再向上横切去 2～3 层鳞片，同时在芽的左右两侧正中向下纵切一刀，深至球的半腰。操作时要避免碰伤嫩芽，要细细剔除底部老根和泥土。

浸球 用清水浸泡切好的鳞茎球 1～2 天，然后将球内流出的胶液冲洗干净。

催芽 浸好的鳞茎球需放在阳光下暴晒，最好放入容器内，覆盖一层

◆威尔士男子用 9000 盆水仙花让房
子焕然一新

◆水仙雕刻造型——喜庆花篮

图
解
繁
殖
与
培
育

砻糠。每天浇水一次，使砻糠保持温度和湿度。这时要注意防寒和光照过
强，可以适当遮盖。一周后新芽萌出，便可充分照射阳光。50 天左右，花
头窜出，即可取出水仙球冲洗干净，移栽于水盆中养殖。

知识库——如何控制水仙花期

怎样能使水仙在元旦，春节期间开花呢？
常用办法是：

气温过低、光照不足时，可给水仙盆内换
上 12℃～15℃ 的温水；晚上用塑料薄膜围住水
仙盆，并用 60 瓦灯光距花 40～50 厘米处，进
行增温和加强光照，同时要给水仙叶面喷水，
防止温度骤然增高。

气温过高时，则要在水仙盆中适量加入冷
水，夜间将盆中水倒掉，进行低温处理，这样
可使水仙推迟开花。

水仙的病虫害及其防治

　　褐斑病　主要危害水仙的叶和茎。初染时出现于叶尖，褐色，大片感染时叶和梗均会出现病斑，使叶片扭曲，植株停止生长，导致枯死。发病初期，可用75％百菌清可湿性粉剂600～700倍水溶液，每5～7天喷洒一次，连喷数次可控制病害发展。种植前剥去膜质鳞片，将鳞茎放在0.5％福尔马林溶液中，或放在50％多菌灵500倍水溶液中浸泡半小时，可预防此病发生。

◆水仙大褐斑病

　　用1～2片阿斯匹林药片，放入水中溶解透，取代水仙花盆中的清水，可使花更壮实茂盛。

　　枯叶病　多发生在水仙叶片上，初发时为褪绿色黄斑，然后呈扇面形扩展，周边有黄绿色晕圈，后期叶片干枯并出现黑色颗粒状物。此病可于栽植前剥去干枯鳞片，用稀高锰酸钾冲洗2～3次预防。病发初期，可用50％代森锌1500倍水溶液喷洒。

　　线虫病　主要危害水仙的叶片和花茎。初发时，水仙叶片和花茎上会出现黄褐色镶嵌条纹，然后出现水泡状或波涛状隆起，导致叶和茎表皮破裂而呈褐色，直至枯萎。此病可用40℃～43℃的0.5％福尔马林液浸泡鳞茎3～4小时加以预防。如在养护过程中发现植株染病严重，应立即将病株剔除并销毁。

知识库——如何防止水仙疯长

　　欲想培育叶子短、花梗长的水仙花，关键在于促进花梗生长，避免叶子陡

◆ "Ausseerland 水仙节"是奥地利最大最美的花卉节

长。水养水仙花时，先将水仙球外表的褐色包膜去掉，在水仙球的上部各芽之间纵向切一刀，切透3～4层鳞片，再在两边各横切一刀，千万勿伤及花芽，洗去黏液，放置在浅盆中培养。白天放在阳光充足的地方，晚上倒去盆中的水，第二天早上再加水培育，这样就可以避免叶片陡长。也可以通过先地栽或盆栽，再水养的方法达到叶子短花梗长的效果。具体做法是先将水仙球入土种植在阳光充足的地方，每天浇水，直到抽出花梗，再将水仙球挖出，洗去泥土，水养在室内观赏。

动动手——水仙盆景雕刻

1. 原始花球。

2. 把花球外面的深色外皮剥掉。

3. 先用手把花球上半部的鳞片一层层剥掉，如果上半部有比较小的花头，也应该掰掉（以免争夺主花的营养），然后，用手术刀或美工刀小心地一层层地围绕花茎雕刻，直到嫩黄色的花茎刚刚显露出来，花球下部保持完整。

①　　　　　　　　②　　　　　　　　③

第一次雕刻的话，要本着宁少勿多的原则，千万不要伤了花茎，如果不能灵活使用手术刀，也可以用手像剥洋葱一样，一层一层地剥，要记住，雕刻不到位，最多叶子会长得比较高，如果伤了花茎，花就开不出来了。等以后熟练了，可以尽可能多刻掉一些　使得叶子长的矮小茁壮，造型美观。

防辐射佳品——仙人掌

仙人掌大多生长在干旱的环境里。有的呈柱形，高 10 多米，重量约两三万斤，有的寿命高达五百年以上。仙人掌类植物还有一种特殊的本领，在干旱季节，它可以不吃不喝地进入休眠状态，把体内的养料与水分的消耗降到最低程度。当雨季来临时，它们又非常敏感地"醒"过来，根系立刻活跃起来，大量吸收水分，使植株迅速生长并很快开花结果。仙人掌还有奇形怪状的茎，鲜艳的花。被人们喻为"昙花一现"的昙花，就是原产中、南美洲热带森林中一种附生类型的仙人掌类植物。

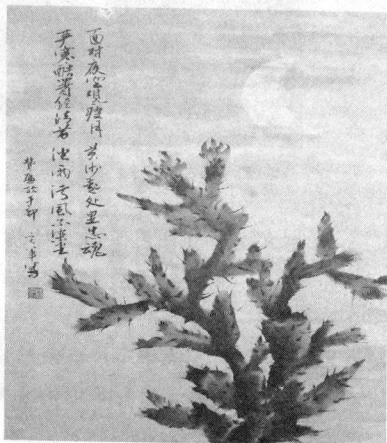

图解繁殖与培育

知识储备

◆仙人掌

仙人掌属于石竹目沙漠植物的一个科。由于对沙漠缺水气候的适应，叶子演化成短短的小刺，以减少水分蒸发，亦能做阻止动物吞食的武器；茎演化为肥厚含水的形状；同时，它长出覆盖范围非常之大的根，以便下大雨时吸收最多的雨水。

知识库——僧帽掌

◆各种各样的僧帽掌

僧帽掌是一种仙人掌类的植物，不同的是它不像一般我们见到的仙人掌那样有很多刺，但长着一些像白斑似的鳞片。僧帽掌呈圆球或圆柱状，因为长着数条突出的肋而变形，有的甚至变得像海星一般。僧帽掌原本生长在墨西哥中部，现在已经作为观赏植物而广泛栽培在世界各地。僧帽掌的花朵很大，有些品种还带有芳香气味，因此受到人们的喜爱。

仙人掌的繁殖

◆仙人掌的花

显的疤痕。

仙人掌主要通过种子繁殖。少数仙人掌种类能在近地水平生出小植株，从而进行无性繁殖。仙人掌的花通常形大而靓丽，多为单生。传粉、受精后成种子（种子多枚），子房发育成果实。花粉藉风力或鸟类传播。受粉后花管（由花被片组成，花萼与花瓣有明显区别或不易区别）不久便从子房顶部脱离，留下一个明

我爱我家——家庭花卉的繁殖和培育

仙人掌的栽培

家庭栽培，选择小型、花多的球型种类为宜，栽培中不能认为这类植物耐旱，而忽略正常浇水与施肥。

室内栽培，可在窗台上用铅丝与塑料薄膜营造一个高温、高湿的封闭式空间，大多数仙人掌在这样的条件下不仅生长快而且色泽晶莹。

盆栽用土，要求排水透气良好、含石灰质的沙土或沙壤土。新栽植的仙人掌先不要浇水，每天喷雾几次即可，半个月后才可少量浇水，一个月后新根长出才能正常浇水。冬季气温低，植株进入休眠时，要节制浇水。开春后随着气温的升高，植株休眠逐渐解除，浇水可逐步增加。每10天到半个月施一次腐熟的稀薄液肥，冬季则不要施肥。

◆仙人掌

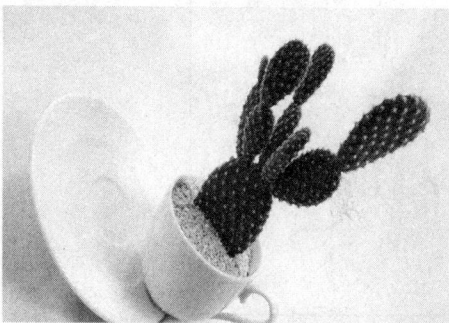

◆居室排毒之仙人掌！

图解繁殖与培育

知识窗

水培仙人掌

由于仙人掌（球）是在日照很强的地方生长，所以抗紫外线等辐射能力特别强。水培仙人球清洁环保，无异味。如果在你的计算机旁放置一二盆水培仙人掌（球），可以帮助人体尽量少地吸收计算机所释放出的辐射。

知识库——颜形掌

◆颜形掌

图解繁殖与培育

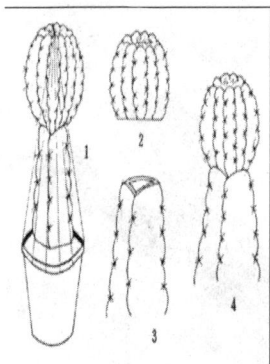

我们在花卉市场经常会看到很多这样的漂亮仙人掌，它们叫颜形掌。有些品种的颜形掌呈鲜艳的红色，这是因为它们缺乏叶绿素。缺乏叶绿素的仙人掌不能自己制造养料，必须嫁接到其他正常的品种上才能生长。所以我们常会看到一些颜色漂亮的仙人掌生长在另一个不太好看的普通绿色仙人掌上。这些漂亮的仙人掌大多是自然变种或人工栽培变种形成的。

◆仙人掌嫁接示意图
1—结扎 2—接穗横切
3—砧木横切 4—吻合

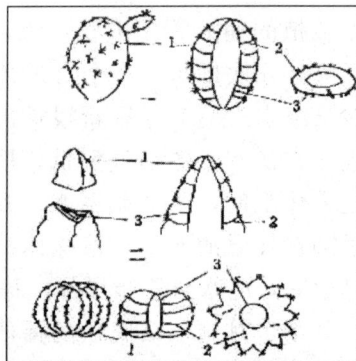

◆仙人掌的维管束位置
（一）掌状茎 （二）三棱柱状茎
（三）球状茎
1—刺座 2—维管束分枝 3—中柱维管束仙人掌

仙人掌栽培误区

乱用土壤 在大多数人看来，仙人掌类花卉原产荒漠贫瘠之地，用普

◆仙人掌的果实

◆仙人掌

通沙土栽培就完全可以了，实则不然。因为盆土不比广袤的沙漠，它容量有限，水肥缓冲能力差，无回旋的余地，因此栽培仙人掌类花卉必须配制专门的培养土。陆生种类要求松散通透、肥力适中的沙质培养土，可用蛭石4成，质地纯净的细沙3成，充分腐熟的腐殖质2成，炉灰末和少量老墙灰末1成，掺匀拌和后备用。附生种类则需富含腐殖质、疏松肥沃、通透性强的微酸性沙质营养土，可用5成面沙、4成草炭土、1成腐叶混合配制。

◆生长在美国南部和墨西哥北部的树形仙人掌

　　疏于浇水　仙人掌类花卉不是不需要水，只不过对水的要求有其特殊性。为适应沙漠的生态环境，其肥大的变态茎具有极强的贮水、保水能力，"喝"一次水能保持较长时间。根系对水分也具有极强的敏感性，遇水即迅速吸入体内，作为缺水时的储备，因而生就耐干旱的本领。但沙漠土壤保水性很低，无水即见干燥，故根系从没有经受过长时间的水浸，便形成了怕积水久湿的特性，因此盆土不可使水分长时间滞留。浇过一次水后，应立即使盆土回到干松微潮的状态，快到干透时再次浇水。

图解繁殖与培育

　　忽略施肥　仙人掌类花卉要想养好，也和普通花卉一样，需要审时度势巧施肥精施肥。首先是基肥，可于上盆或换盆前在培养土中适量掺入充分腐熟的油粕饼末、骨粉等，堆置一段时间，待肥与土充分融合再用。追肥可根据植物长势，在春秋生长旺盛期进行，每两周施一次充分腐熟的油粕肥水一次。仙人掌类花卉根部的渗透压很低，肥水必须稀释淡薄，切忌生肥浓肥。可与 0.1％尿素和 0.2％磷酸二氢钾混合溶液交替使用。肥水浇灌以盖布盆面为度。如盆土有机质含量适度，可单施化肥，保持环境清洁。高温酷暑期和低温休眠期禁肥。

知识库——仙人掌培养土配制

　　①3 份壤土，3 份腐殖质土，3 份粗砂，1 份草木灰与腐熟后的骨粉（呈石灰状）。这种培养土是用于一般的盆栽。
　　②7 份腐殖质土，3 份粗砂，骨粉和草木灰适量。
　　这两种培养土的配合比例，是一般常见的配土方法，在实际应用中还应根据仙人掌类植物的具体种类，气候条件，实际取材的可能等而变动。

点　击

　　仙人掌类植物在冬季休眠后，根稍常见干缩现象，或出现小瘤状物，这些都会导致根系的吸水能力下降。这时可将植株根须干稍和瘤状物剪掉，将根部直接浸在清水中 4～8 小时，使植株吸足水分，然后用潮润的培养土上盆，一周后再浇透水，可确保植株复壮丰满，根系安然无恙。

仙人掌常见病害及防治

　　红蜘蛛　防御为主，栽培环境应适当通风，但要保持一定的湿度，避免闷热和干燥。常用药物有 40％的氧化乐果 1000～1500 倍液、40％的三氯杀螨醇 1000 倍液等。在高温干燥季节每隔 7～10 天喷杀 1 次，越冬前要彻底喷杀。

介壳虫　成虫由于身上有蜡质介壳，药物防治常不能取得预期的效果，因此更应重视预防。栽培场所应保持干净，发现介壳虫时可用竹片及时刮除，也可以将虫多的枝条剪去烧毁。药物防治一定要抓住虫卵孵化后不久、虫体尚未长出蜡质壳时进行，并要反复喷杀才有效果。所用药物通常有 50％马拉硫磷 1000 倍液、25％亚胺硫磷乳油 800 倍液、40％氧化乐果乳油和 80％敌敌畏乳油混合后加水 1000 倍。

◆仙人掌茎腐病

腐烂病　防治腐烂病应以防为主。首先改善栽培场所的环境条件，这样病原菌的发生和蔓延可大大减少。其次要加强栽培管理。种植的土里不要混有未腐熟的有机肥，所施肥料宁淡勿浓。发现渍水要及时排干，部分坏的根系可剪去，晾干伤口后再栽。定期在仙人掌上或周围环境喷洒杀菌剂，对防御腐烂病的发生有一定的作用。常用的杀菌剂有代森锌、多菌灵和托布津。

点击

　　用刀把仙人掌皮切开，取出汁液。把汁液敷在面上 15 分钟后，用清水洗面，可去除脸上小痘痘。

图解繁殖与培育

天然美甲材料——凤仙花

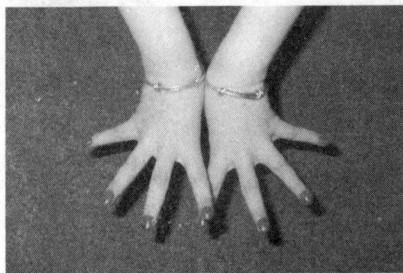

凤仙花适应性强，能自播繁殖，全草可入药。在花卉当中，凤仙花不以色香诱人，主要以姿容形态取胜，凤仙花的花形格外奇巧，花朵宛如飞凤，不信你仔细瞧瞧，那花有头有尾有翅有足，生动形象，活灵活现，就像一只凤凰在飞翔，其花色多得让你咋舌，这小小的花儿怎么长出了那么多种颜色呢？我们不得不感叹大自然的神奇。凤仙花是美丽的，但也要付出一定的劳动，才能赢得它的美丽。凤仙可以放在阳台、花园或庭院里，用不同颜色的凤仙种出的花坛是一道靓丽的风景。

知识储备

凤仙花别名小桃红、指甲草，适应性较强，移植易成活，生长迅速。其茎高40～100厘米，肉质，粗壮，直立。上部分枝，有柔毛或近于光滑。叶互生，阔或狭披针形，长达10厘米左右，顶端渐尖，边缘有锐齿，基部楔形；其花形似蝴蝶，花色有粉红、大红、紫、白黄、洒金等，善变异。花期为6—8月，结蒴果，蒴果纺锤形，有白色茸毛，成熟时弹裂为5个旋卷的果瓣；种子多数，球形，黑色，状似桃形，成熟时外壳自行爆裂，将种子弹

◆凤仙花

出，自播繁殖，故采种须及时。

凤仙花繁殖

凤仙花用种子繁殖，3—9月进行播种，以4月播种最为适宜，种子播入盆中后一般一个星期左右即发芽长叶。生长期在4—9月份，长到8厘米左右时，每盆保留1～3株。长到20～30厘米时摘心，定植后，对植株主茎要进行打顶，增强其分枝能力，株形丰满。5片叶以后，每隔半个月施一次腐熟稀薄人粪尿等，孕蕾

◆凤仙花的种子

前后施一次磷肥及草木灰。6月上、中旬即可开花，花期可保持两个多月。花开后剪去花蒂，不使其结籽，则花开得更加繁盛；基部开花随时摘去，这样会促使各枝顶部陆续开花，但容易变异。

凤仙花栽培

栽植　一般于春季3—4月播种。可播种在苗床内，或直接播于庭院花坛。幼苗生长快，应及时间苗，经一次移植后于6月初定植园地。如果延期播种，苗株上盆，可于国庆节开花。

光照与温度　凤仙花喜光，也耐阴，每天要接受至少4小时的散射日光。夏季要遮荫，防止温度过高和烈日暴晒。适宜生长温度16℃～26℃，花期环境温度应控制在10℃以上。

◆各色凤仙花

图解繁殖与培育

冬季要入温室，防止寒冻。

浇水与施肥　定植后应及时灌水。生长期要注意浇水，经常保持盆土湿润，特别是夏季要多浇水，但不能积水和土壤长期过湿。如果雨水较多应注意排水防涝，否则根、茎容易腐烂。定植后施肥要勤，特别注意不可忽干忽湿。夏季切忌在烈日下给萎蔫的植株浇水。特别是开花期，不能

◆一花多色——凤仙花

受旱，否则易落花。

花期控制　如果要使花期推迟，可在 7 月初播种。也可采用摘心的方法，同时摘除早开的花朵及花蕾，使植株不断扩大，每 15～20 天追肥一次，9 月以后形成更多的花蕾，使它们在国庆节开花。

凤仙花常见病害及防治

◆凤仙花白粉病

白粉病　此病主要发生在叶片和嫩梢上。一般在 6 月开始发生，7 月份以后叶面布满白色粉层。随后，在白粉层中形成黄色小粒点，颜色逐渐变深，最后呈黑褐色。病菌在病株残体和种子内越冬。翌年，环境适宜时，病菌借风雨传播。8—9 月为发病盛期。

防治方法：①栽植不过密，适当通风，加强肥水管理，增强植株的抗病力。秋末将病叶、病株清除，集中销毁，减少传染源。②发病期间用 15％粉锈宁可湿性粉剂 1000～1200 倍液，或 70％甲基托布津可湿性粉剂 1000 倍液防治。在 32℃以上的高温下避免喷药，以免发生药害。

褐斑病　凤仙花褐斑病又称凤仙花叶斑病，病害主要发生在叶片上。叶面病斑初为浅黄褐色小点，后扩展成圆形或椭圆形，以后中央变成淡褐色，边缘褐色，具有不明显的轮纹。严重患病的叶片上，病斑连片，导致叶片变得枯黄，直至植株死亡。病菌在凤仙花病残体及土壤植物碎片上越冬。翌年当环境条件适宜时，病菌借风雨飞散传播。高温多雨的季节，易发病。

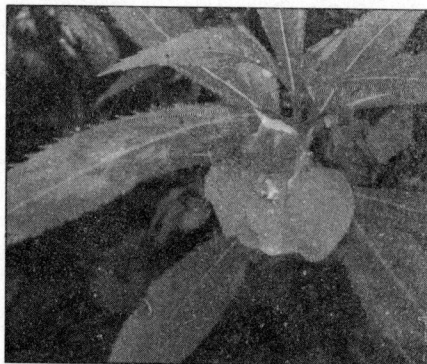

◆凤仙花褐斑病

防治方法：①种植以沙质壤土为宜，以利排水；盆栽凤仙花，雨后应及时倒盆。秋末应将病叶、病株集中销毁，减少来年传染源。②发病初期用25％多菌灵可湿性粉剂 300～600 倍液，或 50％甲基托布津 100 倍液，或 75％百菌清 1000 倍液防治。

凤仙花用途

指甲花染发法

指甲花染发是一种纯天然、对身体没有任何伤害的植物染发法，而且染出来的效果还是时尚的红棕色。

材料：海娜粉（指甲花粉，药房可以买到）、适量蜂蜜、1 个生鸡蛋、橄榄油。

红棕色效果染发步骤：①将热茶水、适量蜂蜜、1 个鸡蛋，加入海娜粉，搅拌均匀，最好放一点橄榄油。②用水湿润一下干净的头发。③短发

图
解
繁
殖
与
培
育

◆用凤仙花染指甲，在中国有很长的历史。

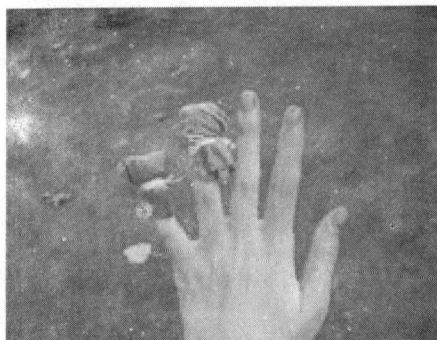

用 40 克左右，长发用 80 克左右，根据头发长度和厚度酌情增减。④用梳子把混合好的膏均匀涂抹在头发上。⑤用塑料浴帽或塑料袋包好头发，外面最好裹上毛巾，4～6 个小时以后用温水洗净。

染指甲的方法

凤仙花颜色艳丽，用它染指甲既能治疗灰指甲、甲沟炎，又是纯天然、对指甲无任何伤害的染色方法。

材料：凤仙花瓣（大红色、紫红的最好），茼麻叶子（也可用其它叶子或塑料袋代替），线绳，明矾或盐（不建议用明矾，对身体有害）。

步骤：

①将花瓣放入适量食盐后，捣烂。可放置半天，水分蒸发一部分后染色效果更佳。

②取适量敷于指甲盖，以盖住指甲盖为准。

③用叶子包住，并缠好，包缠的方法类似包粽子。

牛刀小试

——实验室中的繁殖和培育

　　前面我们介绍了人工繁殖和培育生物的一些方法，还介绍了各种花卉的繁殖和培育的方法。你是不是很想知道通过上面介绍的方法是否真的能繁殖出新的生命呢？由于实验条件和各方面因素的限制，上面介绍的技术我们并不能让大家都来尝试，但是，我们为大家找到了一些相对简单的实验材料，大家可以在实验室完成这些生物的繁殖和培育。相信只要方法正确，操作规范，一定能达到目的。你是不是也跃跃欲试了呢？那还等什么？我们一起去亲手试一试，体验一下繁殖和培育生物的乐趣吧。

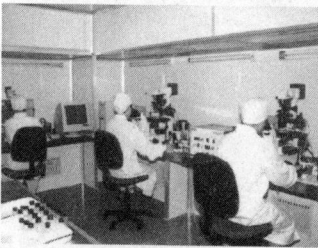

遗传学的好材料
——果蝇的繁殖和培育

果蝇是一种小型蝇类，成虫身长只有0.6厘米，如同米粒般大小，比普通苍蝇小得多。它有一对翅膀，喜欢在腐烂的水果和发酵物的周围飞舞。这种红眼、双翅、羽状触角芒、身体分节、黄褐色的小昆虫，在20世纪生命科学发展的历史长河中，扮演了十分重要的角色，是十分活跃的模式生物。

◆美丽的果蝇

将近一百年前，摩尔根开始在实验室里用香蕉喂养这些小东西，以射线、激光和化学物质等种种手段折腾它们，希望它们发生变异。他那只著名的白眼果蝇，使基因与染色体的关系得以确立，遗传学因此迈出了关键的一步。此后，果蝇作为最理想的实验动物之一，对经典遗传学、发育生物学、分子生物学等作出了许多重大贡献，近年来还涉足神经科学领域。

下面我们就要一起来繁殖和培育这伟大的果蝇，并且尝试通过杂交培育不同性状的果蝇。你做好准备了吗？

野生果蝇的采集

果蝇有些种生活在腐烂水果上，有些种则生活在真菌或肉质的花中。在垃圾筒边或久置的水果上，只要发现许多红眼的小蝇，即是果蝇。果蝇类昆虫与人类一样分布于全世界，并且在人类的居室内过冬。由于体型小，很容易穿过纱窗，居家环境内很常见。

采集野生果蝇的方法比较简单，可以取洁净敞口容器，放入适量果皮

图解繁殖与培育

◆荔枝上的果蝇

（葡萄皮最佳，取皮前用清水稍稍冲洗），置户外阴凉处数天，见有小小的金黄色虫子（果蝇）在其内飞翔，即可用透气的材料覆盖容器口，采集便完成了。

图解繁殖与培育

麻醉和观察果蝇的方法

滴乙醚	→	将果蝇移到洁净干燥的麻醉瓶中。向麻醉瓶的棉塞底部滴加乙醚2~3滴，迅速塞上棉塞。对仍需培养的果蝇，以轻度麻醉、不使死亡（翅膀外展45度）为宜。
观察	→	待果蝇全部麻醉昏迷后，即出在白瓷板或白纸上进行观察。
回收	→	迅速将选定的果蝇移入侧翻的培养瓶中，待其自然苏醒后，再将瓶扶正，检查完毕，应将不再需要的果蝇倒入死蝇收集瓶中。

果蝇饲养和繁殖的基本知识

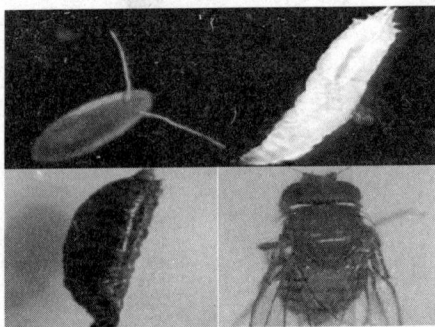

◆果蝇生长的四个阶段

果蝇容易饲养，生活周期短（约2星期），突变性状多、唾腺染色体大，适宜用作科学实验材料，尤其受到遗传学家的"宠爱"。果蝇的生活史具完全变态过程，即完成一个生活周期要经过卵、幼虫、蛹、成虫四个阶段。果蝇完成一个生活周期在最适生活温度条件下仅需两周时间。果蝇生活的最适温度

牛刀小试——实验室中的繁殖和培育

是20℃～25℃。果蝇的繁殖率高，一对果蝇交配以后可产卵几百个。另外，果蝇的突变类型多，性状容易辨认。因此，果蝇作为遗传学实验材料是十分适宜的。

果蝇成虫的食物内需有醣类，而蛹期果蝇则可只依赖酵母即可生育。果蝇以酵母菌为食。凡能培养酵母菌的基质，都可用作果蝇的"培养基"。常用的有玉米粉培养基、米粉培养基、香蕉培养基。

◆果蝇的培养室

◆果蝇

果蝇的生活周期与温度关系密切，提高温度和降低温度会使果蝇的生活周期缩短和延长。将温度提高到26℃以上，完成一个生活周期只需10天左右。如果超过30℃，会造成雌蝇的育性下降或不育，甚至可引起果蝇死亡。相反，把温度降低到10℃，果蝇的生活周期可延长到50多天，这时果蝇的生活力很低。

在不供给食物的情况下，果蝇可存活50小时左右，在不供给水的情况下，果蝇无法活过一天。蛹期果蝇在其正常5天生活周期下可取食其体重3~5倍之食物。

雌果蝇一般在羽化后12小时开始交配繁殖，交配后两天开始产卵。卵孵化成幼虫后要经过两次脱皮才能从一龄幼虫变为三龄幼虫。幼虫生活6～7天准备化蛹，化蛹之前从培养基中爬出来附着在瓶壁或插在培养基上的滤纸片上逐渐形成一个梭形的蛹。幼虫在蛹壳内完成成虫体型和器官的分化，最后从蛹壳的前端爬出。

图解繁殖与培育

动手试一试：饲养和繁殖果蝇

◆培养基原料

准备器具和药品。如捕捉果蝇的设备、培养果蝇的试管、棉花塞、培养基的药品等。收集果蝇可以按照上面介绍的方法来做。收集好果蝇后可以将其麻醉，观察其形态特征，可以选择一种培养基。如何配制培养基呢？我们以玉米培养基为例一起来做。

图解繁殖与培育

　　首先，取应加水量的一半，加入琼脂，煮沸，使充分溶解，再加糖，煮沸溶解；然后取另一半水混和玉米粉，加热，调成糊状；将上述两者充分混匀，煮沸（以上操作都要搅拌，以免沉积物烧焦）；将所得培养基分装培养瓶（厚度2厘米），勿沾染瓶口。加塞、包扎，高压灭菌；最后稍冷后取出，直立、冷却。在洁净空间打开瓶塞，用酒精棉球擦干瓶壁上的冷凝水滴，加入适量丙酸及酵母粉，即可投入果蝇进行饲养。培养时要避免日光直射，每2～4周更换一次培养基。

　　由于旧的培养基会变干，无法满足果蝇的需求，所以要将果蝇转移到新配制的培养基中繁殖。转移时可将两个管口贴近，防止果蝇从两管接口飞走。由于果蝇有趋光性，可用黑纸包住果蝇瓶，让其飞入新培养基瓶。

知识窗　　几种培养基的成分

　　1. 玉米培养基：水200毫升、琼脂2克、食糖13克、玉米粉17克、丙酸1毫升、酵母粉适量。

　　2. 米粉培养基：水100毫升、琼脂2克、食糖10克、米粉8克、丙酸1毫升、酵母粉适量。

　　3. 香蕉培养基：水50毫升、琼脂1.6克、香蕉浆50克、丙酸0.5～1毫升、酵母粉适量。

当回科学家：果蝇的杂交实验

黑腹果蝇是遗传学实验的重要材料之一。果蝇具有饲养方便、来源广泛、生活史短、性状便于观察等许多特点。所谓"杂交"就是指不同基因型的个体之间交配，取得双亲基因重新组合个体的方法。通过杂交把双亲的优良性状综合到杂

◆黑腹果蝇

种后代中，再经选育而成新品种，这是目前培育新品种的重要方法。通过杂交，新一代种子会表现出杂种优势，是提高产量、改进品质的重要措施之一。前面我们提到了果蝇有很多性状是很突出的，如红眼、白眼；长翅、残翅；黑身、灰身等。对果蝇进行杂交实验，具有重要的意义。下面我们先来介绍一位著名科学家。看了他的故事以后，我们再来做实验。

名人介绍——美国生物学家和遗传学家摩尔根

摩尔根是第一位以遗传学成就荣获诺贝尔生理学医学奖的科学家，是染色体遗传学的创始人。摩尔根自幼热爱大自然，童年时代便漫游肯塔基州和马里兰州大部分山村和田野，还曾经和美国地质勘探队进山区实地考察，采集化石。大约在 1910 年 5 月，在摩尔根的实验室中诞生了一只白眼雄果蝇。摩尔根把它带回家中放在床边一只瓶子中，白天把它带回实验室让这只果蝇与另一只红眼雌果蝇进行交配，在下一代果蝇中产生了全是红眼的果蝇，一共1240 只。后来摩尔根让一只白眼雌果蝇与一只正常的雄果蝇交配，却在其后代中得到一半是红眼、一半是白眼的雄蝇，而全部雌性都长有正常的红眼睛。摩尔根解释说：

◆摩尔根

"眼睛的颜色基因（R）与性别决定的基因是结在一起的，即在 X 染色体上。"摩尔根及其同事、学生用果蝇做实验材料。到 1925 年已经在这个小生物身上发现它有四对染色体，并鉴定了约 100 个不同的基因。由交配试验而确定链锁的程度，可以用来测量染色体上基因间的距离。1911 年他提出了"染色体遗传理论"。摩尔根发现，代表生物遗传秘密的基因的确存在于生殖细胞的染色体上。他还发现，基因在每条染色体内是直线排列的。染色体可以自由组合，而排在一条染色体上的基因是不能自由组合的。摩尔根把这种特点称为基因的"连锁"。摩尔根在长期的试验中发现，由于同源染色体的断离与结合，而产生了基因的互相交换。连锁和交换定律，是摩尔根发现的遗传第三定律。他于 20 世纪 20 年代创立了著名的基因学说，揭示了基因是组成染色体的遗传单位，它能控制遗传性状的发育，也是突变、重组、交换的基本单位。

可见，果蝇的杂交实验有着重要的意义。实验方法也很多，可以根据需要来选择和设计果蝇品种。下面我们也来做个简单的杂交实验。

实验小方案：

---

1. 实验目的：体验果蝇杂交的技术

2. 实验材料：果蝇的品种：长翅果蝇（AA）、残翅果蝇（aa）、红眼果蝇（XBXB，XBY）、白眼果蝇（XbXbXbY）

3. 实验用品：培养箱、麻醉瓶、放大镜、解剖针、镊子、培养瓶、毛笔、滤纸、白瓷板、乙醚、玉米粉、琼脂、红糖、酵母粉、丙酸等。

4. 实验步骤：

5.（1）制备培养基。

6.（2）进行果蝇杂交实验。

动动手——果蝇的杂交实验

1. 选择红眼残翅（AAXbXb）果蝇为母本，白眼长翅（aaXBY）为父本。母本的果蝇一定要选择处女蝇，可在实验前 2～3 天收集，并将雌、雄个体分开培养，数量根据需要而定。

2. 首先把红眼残翅处女蝇倒出麻醉，挑 5 只移到水平放置的杂交瓶中，再把白眼长翅倒出麻醉，挑选 5 只雄蝇，移到上述杂交瓶中。等杂交亲本在杂交瓶

牛刀小试——实验室中的繁殖和培育 ≪≪≪≪≪≪≪≪≪≪≪≪≪

中全部苏醒后，将杂交瓶直立，并移入 25℃ 温箱中培养。注意贴好标签（写明亲本基因型、交配方式、杂交日期、实验者姓名）。

3. 7 天后，释放杂交亲本。

4. 再过 4～5 天，后代（用 F1 表示）成蝇开始出现，观察 F1 性状，连续检查 2～3 天，或在释放亲本 7 天后集中观察。

5. 选取 5～10 对 F1 雌、雄果蝇，移入一新培养瓶（这里不需用处女蝇），置 25℃ 温箱中培养。

6. 7 天后，释放 F1 亲本。

7. 再过 4～5 天，又产生的后代（用 F2 表示）成蝇出现，开始观察。可连续统计 7～8 天。被统计过的果蝇倒入水槽冲掉。

经过实验，可以看看你的成果如何？你是否繁殖出了与亲本性状不同的果蝇呢？是不是很有成就感？那么仔细观察这些后代，并做好详细的记录，也当一回科学家，试着找找规律，分析你的实验结果。你能作出怎样的推测呢？

知识窗　　**性染色体和常染色体**

性染色体是指雌雄异体动物和某些高等植物中与决定性别直接有关的染色体。常用字母 X、Y 表示。雌性的用 XX 表示，雄性的用 XY 表示。常染色体是指生物体内除性染色体以外的所有染色体，其与性别决定无关，是成对存在的。基因通常用大写字母 A、B、C 等表示。如果基因位于性染色体上，可将字母标在性染色体的右上角，如果基因位于常染色体上，可直接用字母表示。

我有问题：为什么要选择处女蝇？如何判断处女蝇？

处女蝇是指未经过交配的雌果蝇。选择处女蝇是因为雌果蝇生殖器官有受精囊，可保存交配所得的大量精子，能使大量卵细胞受精。因此，在做果蝇杂交实验的时候，雌果蝇必须是处女蝇，保证实验结果的可靠性。雌果蝇自羽化开始 10 小时之内尚未成熟而无交配能力。选择处女蝇时，先把培养瓶中的老果蝇全

部除去，收集 10 小时之内羽化出来的新果蝇，麻醉后用放大镜在白瓷板上将果蝇雌雄分开，这时得到的雌果蝇应该全部都是处女蝇。如果要验证选取的处女蝇是否准确，先不要放入雄蝇，3 天后看雌蝇是否产卵，如果产卵就不是处女蝇了。在证明确实是处女蝇的情况下再放入雄蝇，进行遗传杂交实验。

图
解
繁
殖
与
培
育

观察细胞的好材料
——洋葱的繁殖和培育

洋葱是一种常见且容易栽培的植物，故其常用作生物实验中的各类实验材料。如观察植物细胞结构、观察 DNA 和 RNA 在细胞中的分布、检测生物组织中的糖类、质壁分离和质壁分离复原现象、叶绿体色素的提取和分离、观察根尖分生组织细胞的有丝分裂等等。那么洋葱如何繁殖和培育呢？下面我们一起来学习，并动手试一试。

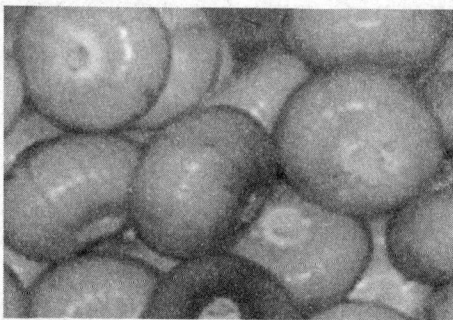

◆洋葱

图解繁殖与培育

洋葱的生长特点及栽培历史

洋葱是一种耐运输、耐贮藏的常用蔬菜，食用部分是肥大的肉质鳞茎，有特殊的香辣味，能增进食欲，可治疗多种疾病；它不仅耐贮藏，也可脱水加工成出口蔬菜。洋葱按鲜茎皮色可分为红皮、黄皮和白皮三种；按鳞茎形状可分为扁平形、长椭圆形、长球形、球形和扁圆形五种。

◆洋葱是天然的杀菌剂

洋葱在生理上也有一定的适应性。在营养生长时期，要求凉爽的气温，中等强度的光照，疏松、肥沃、保水力强的土壤，较低的空气湿度，

较高的土壤湿度，具有耐寒、喜湿、喜肥的特点，不耐高温、强光、干旱和瘠薄。高温长日照进入休眠期。

　　洋葱栽培历史悠久，五千年前波斯就有栽培，当时的卡里达王朝把洋葱当成一种神符。四千年前的埃及也把它看得相当神圣，作为祭坛的圣物和伴葬品。希腊和罗马的军队认为洋葱能激发力量、毅力和勇敢，所以要给军队吃大量的洋葱，从而逐步传到南欧和东欧。近百年传入我国，现今各地均有栽培，而且种植面积不断扩大，现已超过 2.5 万公顷，是主要的夏菜之一。我国已成为世界上生产量较多的四个国家（即中国、印度、美国、日本）之一。

小知识

　　洋葱有普通洋葱、分蘖洋葱和顶球洋葱三个类型。洋葱以优质高产和耐贮藏为栽培目标。普通洋葱的品质好，产量高，一些品种耐贮性也较强；分蘖洋葱辣味重，产量低；顶球洋葱产量也较低。所以，商品生产一般都栽培普通洋葱。

我来种洋葱

◆小朋友们在翻土

　　洋葱的种植采用的是播种育苗的方法，这是一种最常见的方法。洋葱可以靠种子来繁殖，也可以靠鳞茎来繁殖。种植洋葱比较简单，我们一起来试试吧。

　　洋葱的播种要选择合适的季节，一般在立秋前后。洋葱适宜在肥沃、疏松、保水保肥能力强的土壤中栽培，也适宜轻度的盐碱地。播种前的准备工作：翻松土壤，深度把握在 20 多厘米，再将土壤整平。然后要准备好栽培的肥料。一般是有机肥、磷钾混合肥。结合翻耕、整地把肥料施入土的中上层。洋葱对土壤肥力要求很高。一般在幼苗期需要较多的氮，在鳞茎膨大期则需要较多的钾。

牛刀小试——实验室中的繁殖和培育

接着进行播种。播种有两种方法，一种是先在土壤中挖一道道小沟，每条小沟间距 9～10 厘米，深 1.5～2 厘米。播种后，将土壤盖住，再用脚将播种沟的土踩实，随即浇水；还有一种方法是先向土壤浇水，渗透后再撒上一层细土，再播种种子，然后再盖上一层土。

◆种洋葱

一般情况下，洋葱 10 天就会出芽。可每隔 10 天浇一次水，定施肥。

当洋葱叶片由下而上逐渐开始变黄，假茎变软并开始倒伏；鳞茎停止膨大，外皮革质，进入休眠阶段，标志着鳞茎已经成熟，就应及时收获。采收前叶片尚未枯黄时，用青鲜素（MH）500 毫克/千克喷洒叶面，可防止贮藏期间发芽。在采收前 7～10 天不再浇水。

◆洋葱田地

种植洋葱的时候还可以将其切下一部分，为防止它烂掉，切口处用次氯酸钠消毒，再种植到土壤里，也能长出完整的洋葱来。当然

◆洋葱丰收

在实际生产过程中洋葱的种植程序并没有这么简单，为了提高产量，还有更复杂的一道道管理程序。这里，我们只是轻松小试了一把。

微生物能手
——酵母菌的繁殖和培育

自 17 世纪列文虎克用显微镜观察到微生物以来，人类对微生物的研究便开始了新的纪元。微生物和人类的生活有着密切的关系，现在许多微生物已经被人类所利用，如微生物农药（杀虫剂和杀菌剂）、微生物肥料、微生物治理污水、微生物发酵等。微生物的繁殖和培养一般在实验室就可以进行并需要制备微生物培养基，还要对微生物进行接

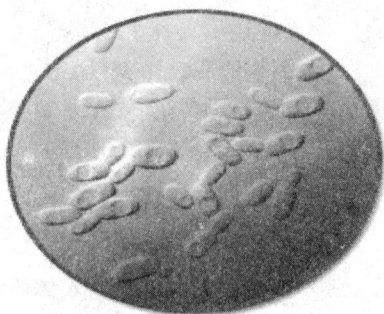

◆显微镜下的酵母菌

种、培养、分离、纯化等一系列工作。如果你感兴趣的话，可以一起来试一试。

酵母菌的繁殖和培育

◆煮马铃薯

酵母菌是一些单细胞真菌，是人类文明史中应用得最早的微生物。在有氧气的环境中，酵母菌将葡萄糖转化为水和二氧化碳。我们吃的馒头、面包都是酵母菌在有氧气的环境下产生二氧化碳形成蜂窝状蓬松组织。酵母可以通过出芽进行无性繁殖，也可以通过形成子囊孢子进行有性繁殖。

牛刀小试——实验室中的繁殖和培育

无性繁殖即在环境条件适合时，从母细胞上长出一个芽，逐渐长到成熟后与母体分离。在营养状况不好时，一些可进行有性繁殖的酵母会形成孢子（一般是4个），条件适合时再萌发。这里，我们为大家设计了一个实验的小方案，大家可以按照这个方案进行酵母菌的繁殖。

◆加入琼脂搅拌溶解

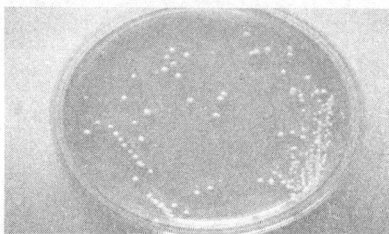

首先，按照马铃薯培养基的配方。制备酵母菌的培养基。培养基的原料包括：马铃薯 200 克，蔗糖 20 克，琼脂 15～20 克，水 1000 毫升，pH 值自然状态即可。马铃薯去皮，切成块煮沸半小时，然后用纱布过滤，再加糖及琼脂，溶化后补足水至 1000 毫升。将配

◆培养皿中的酵母菌菌落

置好的培养基分装在几个三角锥形瓶里，121℃灭菌 30 分钟。然后将培养基倒入培养皿中，注意高度大约为培养皿高度的一半。待冷却后，培养基就凝固了。为保证培养基不受污染，可以将培养基放置 1～2 天，观察是否有其他菌落出现。若没有，便可以开始接种酵母菌。

在无菌的操作台上，将酵母菌用接种环接种于培养基上，使用的用具是接种环，酒精灯。接种时，将接种环挑取少量酵母菌，然后在培养基上画线。刚接种的时候还看不到什么，培养几天后，便会看到培养基长出很多酵母菌的菌落了。最后，在培养箱中培养微生物时，要将培养皿倒置，保持培养皿干燥。温度设置在 28℃左右，这是酵母菌最适合的生长温度。

图解繁殖与培育

小知识

我们日常食用的面包是以小麦粉为主要原料，以酵母、鸡蛋、油脂、果仁等为辅料，加水调制成面团，经过发酵、整型、成型、焙烤、冷却等过程加工而成的。其中至关重要的就是面包酵母菌。

我为家人种健康

——阳台上的菜园

"乖，去咱家菜地薅一把菜苗回来，给你做面条吃！"儿时的回忆仿佛还在耳边。如今的城市高楼林立，钢筋混凝土冰冷着面孔伫立在你身边，哪里还有菜园的影子？可新鲜蔬菜的滋味就好像长了手一样挠着你的心，什么时候梦想能变成现实呢？

现在就有可能，阳台上的菜园青葱、茂盛，韭菜、葱、辣椒、菠菜、花生、空心菜……应有尽有，每天做饭前，顺手从阳台薅一把，又新鲜，又无污染，还是自己亲手劳动的结果，吃起来多惬意。

维生素的宝库——菠菜

菠菜，又称波斯菜、鹦鹉菜。每500克菠菜中含蛋白质12.5克，相当于两个鸡蛋的含量；含胡萝卜素17.22克，比胡萝卜还高，且菠菜所含胡萝卜素在人体中利用率极高。菠菜中所含的酶，能促进胃液和胰腺的分泌，有助于食物消化和营养的吸收。它还含有对健脑极为重要的维生素B_1、B_2，且含量也很可观，因此被营养学家誉为"维生素的宝库"。菠菜还含有十分丰富的叶绿素，有消除口臭、健美皮肤、预防蛀牙等功效。

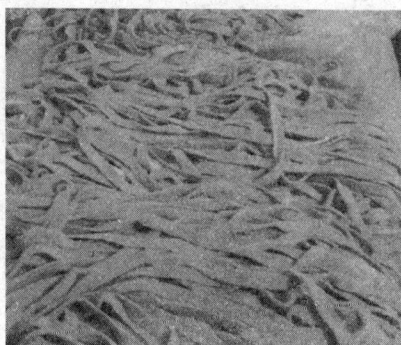

◆菠菜面

图解繁殖与培育

知识储备

◆菠菜

菠菜以叶片及嫩茎供食用，主根发达，肉质根红色，味甜可食。根群主要分布在25～30厘米的土壤表层。叶簇生，抽薹前叶柄着生于短缩茎盘上，呈莲座状，深绿色。单性花，雌雄异株，两性比约为1：1。胞果，每果含1粒种子，果壳坚硬、革质。菠菜属耐寒性蔬菜，长日照植物。生长过程中需水较多，土壤有效含水量为70%～80%，空气相对湿度为80%～90%时生长旺

盛。对土壤要求不严格，对氮肥需求较多，磷肥、钾肥次之。春秋两季均可播种。

菠菜繁殖

◆菠菜结籽

菠菜常用种子繁殖。播种前浸种24小时，然后用纱布包好置于25℃～28℃条件下催芽，当有80％种子露芽后便可进行播种。播种前苗床浇足底水，播后覆土厚1厘米，并在畦面盖一层薄膜，以利保温和保湿，种子发芽出土一般需7～8天。

菠菜品种

◆菠菜苗

◆菠菜

秋菠菜：8～9月播种，播后30～40天可分批采收。宜选用较耐热、生长快的早熟品种，如犁头菠、华菠1号、广东圆叶、春秋大叶等。

越冬菠菜：10月中旬～11月上旬播种，春节前后分批采收，宜选用冬性强、抽薹迟、耐寒性强的中、晚熟品种，如圆叶菠、迟圆叶菠、华菠

图解繁殖与培育

1号、辽宁圆叶菠等。

春菠菜：开春后气温回升到5℃以上时即可开始播种，3月为播种适期，播后30～50天采收，品种宜选择抽薹迟、叶片肥大的迟圆叶菠、春秋大叶、沈阳圆叶、辽宁圆叶等。

夏菠菜：5—7月分期播种，6月下旬至9月中旬陆续采收，宜选用耐热性强，生长迅速，不易抽薹的华波1号、春秋大叶、广东圆叶等。

菠菜栽培

整地做畦　选择疏松肥沃、保水保肥、排灌条件良好、微酸性壤土较好。整地时亩施腐熟有机肥4000公斤，过磷酸钙40公斤，整平整细。

播种育苗　一般采用撒播。夏、秋播前1周将种子用水浸泡12小时后，放在井中或在4℃左右冰箱或冷藏柜中处理24小时，再在20℃～25℃的条件下催芽，经3～5天出芽后播种。冬、春可播干籽或湿籽。浇足底水后播种，用齿耙轻耙表土，使种子入土，上面再盖一层草木灰。

菠杂冬一号　　菠杂春一号　　菠杂夏一号

菠杂夏二号　　菠杂秋一号　　菠杂秋二号

◆菠菜品种

夏、秋播后要用稻草覆盖或用小拱棚覆盖遮阳网，防止高温和暴雨冲刷。经常保持土壤温润，6～7天可齐苗，冬播气温偏低，要在上面覆盖塑膜或遮阳网保温，出苗后撤除。

菠菜常见病害及防治

◆菠菜不仅是营养价值极高的蔬菜，也是护眼佳品。

◆菠菜霜霉病

菠菜霜霉病 主要危害叶片，初现淡绿色小斑，边缘不明显，扩大呈近圆形至不规则形。叶背初生白霉，后转为紫灰色，严重时枯黄腐烂。防治方法：播种量不宜过大，密度适宜。适量施用氯肥配合磷钾肥。加强田间管理，防止土壤过干、过湿。发病初期用40％乙膦铝200倍液，或75％百菌清600倍液，或25％瑞毒霉，或甲霜灵500倍液喷雾，7～10天喷1次，连续2～3次。

菠菜枯萎病 表现为老叶变暗失去光泽，叶肉逐渐黄化，逐渐向上扩展，向下发展则根部变褐枯死。天气干燥、气温高时，病株迅速萎黄。在潮湿低温条件下，病株可继续存活一段时间，有时可长出新的侧根。但一遇高温天气即迅速枯死。防治方法：发现中心病株及时拔除，病穴及四周淋50％苯菌灵可湿性粉剂1500倍液，40％多硫悬浮剂500倍液，或10％治萎灵水剂300～400倍液，隔半月喷一次，连续2～3次。

菠菜叶斑病 又称白斑病，主要危害叶片。下部叶片先发黄，病斑为圆形至近圆形，边缘明显，直径为0.5～3.5毫米，发病初期病部中间褪绿，外缘淡褐至紫褐色。防治方法：选择地势平坦、有机肥充足，通风良好的地块栽植菠菜。适当浇水，精细管理，提高植株抗病力，常用药剂有

75％百菌清可湿性粉剂 700 倍液，
50％多菌灵可湿性粉剂 1000～1500 倍
液。每隔 7～10 天喷施 1 次，共喷 2～
3 次。

◆菠菜枯萎病

图解繁殖与培育

厨房之宝——葱

葱在人们日常生活中，常作为一种很普遍的香料调味品或蔬菜食用，在东方烹调中，扮演重要角色。国人习惯于在炒菜前将葱和姜切碎一起下油锅中炒至金黄（俗称"爆香"），尔后再将其他蔬菜下入锅中炒。做汤面如清汤面或牛肉面时，在面条熟后可将切碎的葱末（也称葱花）撒在面上。葱的栽培遍及中国，最著名的是山东章丘，某些品种可以

◆葱卷

长到两米高，葱白长度1米左右，味甜质厚。山东小吃"煎饼卷大葱"使用的就是章丘葱。

知识储备

◆大葱

葱属多年生草本，有刺激性味道，鳞茎有鳞被，呈圆柱状，肉质鳞叶白色。叶圆柱形，中空，长达50厘米。夏季从叶丛间生出花茎，短而厚，中空，高达50厘米，顶端较细。花白色，多花密集成顶生球状伞形花序，初生时包以白色膜质囊状苞片，小花梗与花被近等长，花被近钟形，6片。中国主要

栽培种为大葱，性极耐寒，−10℃可不受伤害，在中国东北部也可露地越冬，生长适温20℃～25℃。根系弱，极少根毛，宜肥沃的沙质壤土。

葱的繁殖

◆大葱种子

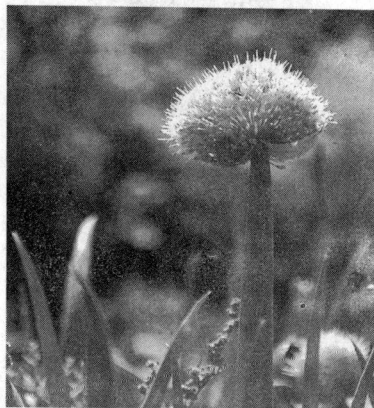

◆大葱开花

　　菜葱利用种子繁殖，常用当年的新鲜种子，采收后即行播种，故有"葱籽不在家"的说法。播种期在5月上、中旬。播种前，育苗地要挖翻烤晒过，土要整平整细，均匀撒播种子，再盖一层陈老糠灰，以不见种子为宜，并覆盖一层稻草，然后浇泼一次2成浓度的腐熟人畜粪水。以后土表现干时，要注意浇水，经常保持土壤湿润，经4～5天就可发芽出土，应及时揭去稻草。在幼苗生长期间，要注意经常浇水，防止晴天干死，但也不能淋得过湿，以免倒苗。

　　四季葱和香葱采用分株繁殖，发蘗力强，每一单株可发10个以上小鳞茎。大都在本田留出种秧苗，任其分蘗，到秋后转凉，挖出秧种，分株繁殖，也可在春天分株繁殖。

葱的栽培

　　定植　将地块挖翻后，施以一定量的腐熟堆肥或陈煤灰，整平整细，按行距20厘米、株距13厘米栽植，每穴栽4～5株。移栽时要边栽边浇

图解繁殖与培育

"压蔸水"。菜葱定植期最早在6月上旬，最迟在7月中旬。四季葱和香葱定植一般在8月下旬至第2年4月下旬，分批分株定植，行距20厘米，株距13厘米，每穴4～5株。

田间管理　葱秧定植后每天要浇水一次，4～5天即可发根转活，成活后即可追肥，常用1～2成浓度的清粪水浇泼，保持土壤湿润。葱类中耕不宜过勤过深，只有雨后土壤板结时，才锄破表土，并及时拔除杂草。四季葱和香葱在夏季如覆盖遮阳网降温保湿，有利于正常生长并改善品质。

葱常见病虫害及防治

◆葱锈病

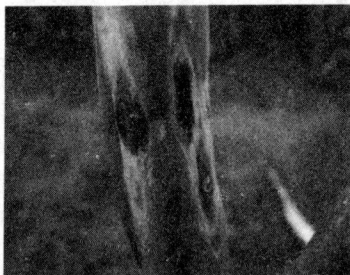

◆葱紫斑病

　　紫斑病　主要危害叶和花梗。初呈水渍状白色小点，后变淡褐色圆形或纺锤形稍凹陷斑，继续扩大呈褐色或暗紫色。发病适温25℃～27℃，温暖多湿的夏季发病重，老苗、缺肥田块发病重。防治方法：发病初期用百菌清500倍或杀毒矾500倍或扑海因1500倍喷雾，7～10天1次，连续3～4次。

　　葱锈病　主要危害叶、茎、花梗。初呈橙黄色或黑褐色疮斑，后散出橙黄色或暗褐色粉末。病孢子萌发适温9℃～18℃，高于24℃萌发率明显下降，气温低的年份、肥料不足及生长不良发病重。防治：施足有机肥，

◆葱蓟马
淡黄色小虫为幼虫，体长 1 毫米

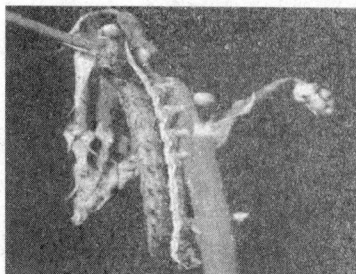

成虫体长 1.5 毫米

增施磷钾肥；发病初期用敌力脱 3000 倍或代森锰锌 1000 倍或百菌清 500 倍液喷雾。10 天 1 次，连续 2～3 次。

葱蓟马　成虫体长 1.2～1.4 毫米，危害葱的心叶、嫩芽。在 25℃和相对湿度 60％以下时，有利葱蓟马发生。防治方法：康福多 4000 倍或蚜虱净 2000 倍或艾美乐 20000 倍。

◆葱斑潜蝇，幼虫取食后留下白色条纹。

潜蝇　幼虫啃食叶肉，造成减产和品质下降，同时又传播病害。防治：潜克 2500 倍或速凯 1500 倍或杀虫素 3000 倍或杀灭菊酯 2000 倍液喷雾。用药时间以上午为宜。

图解繁殖与培育

含维生素C最多的蔬菜
——辣椒

◆青椒碗

◆辣椒

图解繁殖与培育

当辣椒的辣味刺激舌头、嘴的神经末梢时，大脑会立即命令全身"戒备"：心跳加速、唾液或汗液分泌增加、肠胃加倍工作，同时释放出内啡肽。若再吃一口，脑部又会以为有痛苦袭来，释放出更多的内啡呔。持续不断释放出的内啡呔，会使人感到轻松兴奋，产生吃辣后的"快感"。吃辣椒上瘾的另一个因素是辣椒素的作用。当味觉感觉细胞接触到辣椒素后会更敏感，从而感觉食物的美味。此外，在食用辣椒时，口腔内的唾液、胃液分泌增多，胃肠蠕动加速，人在吃饭不香、饭量减少时，就产生吃辣椒的念头。事实上，不管成瘾与否，适量吃辣椒对人体有一定的食疗作用，且辣椒中维生素C的含量在蔬菜中居第一位。

知识储备

辣椒为一年或多年生草本植物，株高30～60厘米，多分枝，单叶互生，卵状披针形或矩圆形，花单生叶腋，白色，5裂。花期7—10月。浆果直立或稍斜垂或下垂，长指形、圆锥形或近球形，成熟时红色、黄色或带紫色，一般都有辣味，供食用。辣椒的生活习性可概括为喜温、怕寒

（尤怕霜冻），又忌高温和暴晒，喜潮湿又怕水涝，比较耐肥。

小知识——辣椒的成分

辣椒营养十分丰富，每100克鲜辣椒含蛋白质1.6克、脂肪0.2克、碳水化合物4.5克、粗纤维0.7克、钙12毫克、磷40毫克、铁0.8毫克、胡萝卜素0.73毫克、硫胺素0.04毫克、核黄素0.03毫克、尼克酸0.3毫克、维生素C185毫克。可产生热量109千焦。辣椒中维生素C的含量在蔬菜中占首位，其他维生素含量也相当高。

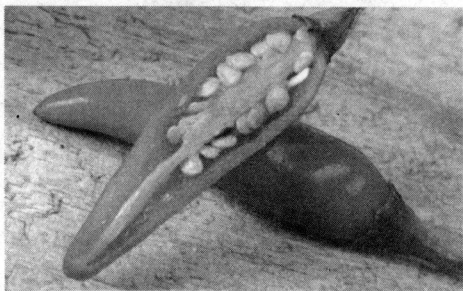

◆辣椒籽

辣椒繁殖

3月播种于室内或盆播，发芽迅速整齐。幼苗子叶展开后，塌盆中移植一次，于6月中、下旬定植露地，盆栽观赏于6月上旬上盆，生长期多施追肥。

辣椒栽培

土壤翻晒 种植辣椒应选用水源充足、排灌方便的沙质壤土或壤土的田块，切忌选用前作物为番茄、茄子、花生、烟草及其他茄科作物的田地种植。

选种 春种辣椒宜选用"湘研一号"、"湘研二号"、"早杂二号"等品种。秋冬种辣椒宜选用"湘研五号"、"湘研九号"、"湘研十五号"、"湘研六号"等品种。

整地施肥 精细整地，使土壤疏松细碎，土壤消毒选用代森铵、福尔马林等药液。一般施用腐熟干粪肥、磷肥、钾肥或复合肥，然后盖土混

◆辣椒

◆彩椒

均，平整地面待播种。

播种　春辣椒应"立冬"前后播种，采用地膜覆盖栽培育苗，次年"惊蛰"前后移栽。秋种冬收辣椒在 7 月下旬至 8 月上旬播种，苗龄 25～30 天左右。播种有两种方法，第一种是直接播干籽，第二种是先进行种子处理，催芽后再播种。先将种子浸入清水 5～6 小时，然后用 1％硫酸铜溶液或 1000 倍高锰酸钾药液浸种 5 分钟，洗净种子，最后在 25℃～30℃温度下催 3～4 天，种子发芽后播种。播种前要淋底水，均匀稀播，盖土厚度以淋水后不见种子在泥上面为宜。

出苗　为使种子发芽出苗，一般白天保持温度 25℃～30℃，晚上 15℃～20℃，保持床土湿润，播种后 10～15 天左右，幼苗出土后保持苗床白天温度 20℃～25℃，晚上 15℃，移栽前 7～10 天要逐渐炼苗后才种植。

带土移栽、合理密植　移苗前一天晚上淋水喷药，第二天起苗时要用竹签挖起，带土移栽。

管理　定植成活后，及时中耕除草 3～4 次。辣椒较耐旱，前期怕湿，一般定植后要充分供给水分，夏季高温多雨季节要及时排水防涝，秋季遇高温干旱，应增加灌溉次数。为保证结果正常，主茎上第一朵花以下的侧枝应于开花前全部摘除，随时摘除有病斑的老叶。

知识窗

牛奶能缓解辣感

　　最好的缓解辣味的食物是牛奶，尤其是脱脂牛奶。之前曾认为牛奶中的脂类可以更好地和辣椒素结合，而现在的研究发现，真正有效的成分是牛奶中的酪蛋白。

辣椒常见病害及防治

　　辣椒青枯病　植株发病时，病株顶部叶片白天枯萎，阴天或早晚恢复，2～3天后叶片保持绿色但全株枯萎。切开病茎，导管呈褐色，将切口浸在水中，从切口处流出白色混浊的菌液。

　　防治方法：①用抗病品种；②调整土壤酸碱度，亩施石灰50～100公斤；③实行轮作，防止重茬或连茬；④及时检查，发现病株立即拔除、烧毁，在穴内撒施石灰粉；发病初期可用100～200ppm农用链霉素或春雷霉素一包兑水150斤淋湿土壤，连续防治3次，灌根每10～15天一次，连续2～3次。

◆辣椒青枯病

◆辣椒疫病

　　辣椒疫病　整个生长周期皆可发病，苗期染病，多发生于茎基部，呈暗绿色水浸状软腐或猝倒，即苗期猝倒病；有的茎基部

图解繁殖与培育

◆吃辣椒也应因人而异

图解繁殖与培育

呈黑褐色，幼苗枯萎而死；叶片染病，病斑圆形或近圆形，直径2～3厘米，边缘黄绿色，中央暗褐色；果实染病始于蒂部，初生暗绿色水浸状斑，迅速变褐软腐，湿度大时表面长出白色霉层，即病菌孢囊梗及孢子囊，干燥后形成暗褐色条斑，病部以上枝叶迅速凋萎。

防治方法：①若辣椒疫病是土壤传染，防治时必须用农药灌根；②防治的关键时间为6月中、下旬，辣椒开花盛期和挂果期，一般为浇完头水后1～2天内进行灌根；③有效农药用25％早霜灵或58％早霜灵锰锌，浓度为500倍液灌根，每穴灌0.3～0.4斤效果最好。

地上开花、地下结果的奇特植物
——花生

花生被人们誉为"植物肉"，含油量高达50％，品质优良，气味清香。除供食用外，还用于印染、造纸工业，花生也是一味中药，适用营养不良、脾胃失调、咳嗽痰喘、乳汁缺少等症。花生有长生果的美誉，是养胃、养颜之宝。花生油在国内有"中国的橄榄油"之美誉；花生果、花生油具有全面、均衡的高营养价值，同欧洲的橄榄油一样被营养界广泛推荐。花

◆香醋花生

生又是吉祥如意的象征，在中国百姓的心目中享有崇高的威望。直至如今，在传统的新婚之际，"花生"作为吉祥物，要缝在新婚陪嫁的新被里，寓意着子粒饱满，花落果生。

知识储备

◆花生植株

花生属一年生低矮草本植物，茎匍匐或直立，有棱，被茸毛，偶数羽状复叶，有小叶2～3对，无小托叶；花单生或数朵聚生于叶腋内，最初无柄，但有一极长、类似花柄的萼管；花冠蝶形，黄色，花于受精后下弯，且由于花柄的伸长使幼荚穿入土中；子房有胚珠2～3颗；荚果长圆状或圆柱形，稍呈念珠状，有网脉，不开

图解繁殖与培育

裂，于地下成熟。喜高温干燥，不耐霜，适宜微碱性沙质壤土。原产巴西，我国广泛栽培。

花生繁殖

◆花生果实

花生常用种子繁殖。播前要带壳晒种，选晴天9—15时，在干燥的地方，把花生平铺在席子上，厚10厘米左右，每隔2小时翻动1次，晒2～3天。剥壳时间以播种前10～15天为好。选种仁大而整齐、籽粒饱满、色泽好，没有机械损伤的大粒做种，种子拌花生根瘤菌粉，菌粉加清水100～150毫升调成菌液，均匀地拌在种子上。

花生栽培

◆花生种子

冬耕　种植花生的地块，必须在大雪封冻之前实行冬耕，耕作土层最好30厘米，冬耕有利于改良土壤，消灭花生地下越冬害虫。

施肥　施足有机肥，如农家肥、生物菌肥、复混肥、硼肥、硅钙肥等。尤其生物菌肥能使土壤疏松透气性强，有利于花生果入土，促进花生根瘤菌的形成。生物菌能杀死土壤中的有害菌，保护有益菌，特别是后期花生收获时省工省

时。这是花生丰产的关键措施。

"天达2116"拌种　花生种用花生豆类专用型的"天达2116"50克加

水 250 克，加天达恶霉灵 3 克配成母液，把花生种摊在塑料布上，用小喷雾器将配成的母液均匀地喷在花生种上，等药液滋润进去后放在阴凉通风处晾干后便可播种，千万不要在阳光下暴晒。花生拌种后，根系发达，形成果针多，果针入土早，减少花生根腐病和茎腐病的发生，花生拌种这一项措施每亩最少增产 100 公斤以上。这是花生种植当中最关键的措施。

◆黄瓜性味甘寒，而花生多油脂，二者相遇，可能导致腹泻。

　　播种时间　4 月下旬至 5 月 1 日之前，10 厘米深的土壤地温必须达到 11.5℃～13℃，温度低于 11℃ 千万不要播种，防止出现烂种死苗现象，即使花生能出土苗也不健壮，影响产量。

　　合理密植　盖地膜的花生垄距 95 厘米，株行距 27 厘米左右。每亩地用种量在 11～12.5 公斤之间，花生种要精挑细选，颗粒饱满。

　　适时喷好天达 2116 和天达有机硅　一年共喷 4 次天达 2116 和天达有机硅。第一次在初花期，第二次在盛花期，这二次喷药使花生的植株健壮、果针多、果针入土早、抗旱，是丰产的关键。第三次在 7 月中旬，第四次在 8 月 10 日前后，这两次喷的效果是抗旱、抗涝、防治叶斑病，确保丰产丰收。

图解繁殖与培育

友情提醒——以下人群不要吃花生

　　胆囊切除者。花生里含的脂肪需要胆汁消化，胆囊切除后，储存胆汁的功能丧失。这类病人如果食用花生，没有大量的胆汁帮助消化，常可引起消化不良。

　　消化不良者。花生含有大量脂肪，肠炎、痢疾等脾胃功能不良者食用后，会加

　　长期食用单一油品并不利于健康，在挑选食用油上最好保持"三心二意"的态度，经常更换，才是聪明的做法。

重病情。

高血脂患者。花生含有大量脂肪，高血脂患者食用花生后，会使血液中的脂质水平升高，而血脂升高往往又是动脉硬化、高血压、冠心病等病疾的重要致病原因。

跌打淤肿者。花生含有一种促凝血因子。跌打损伤、血脉淤滞者食用花生后，可能会使血淤不散，加重肿痛症状。

花生常见病虫害及防治

◆花生叶斑病

蚜虫　花生幼苗期注意防治好蚜虫，以免蚜虫危害后造成病毒病的发生。建议喷天达啶虫脒2000倍1～2次，不喷氧化乐果。

叶斑病　防治花生叶斑病，在7月中旬至8月10日前后，喷天达2116和有机硅的同时加上1200倍的绿云罗克或者5000倍的凯歌。

害虫　防治蛴螬和啃食叶片的害虫，在花生盛花期7月中旬至8月10日左右；在傍晚花生叶并拢后喷天达高效氯氰菊酯1500倍。

图解繁殖与培育